吓心

龚凯 —— 著

中信出版集团｜北京

图书在版编目（CIP）数据

听心 / 龚凯著 .-- 北京：中信出版社，2021.3
ISBN 978-7-5217-1753-2

Ⅰ.①听… Ⅱ.①龚… Ⅲ.①心理学 Ⅳ.①B84

中国版本图书馆 CIP 数据核字（2020）第 061694 号

听心

著　　者：龚　凯
出版发行：中信出版集团股份有限公司
（北京市朝阳区惠新东街甲 4 号富盛大厦 2 座　邮编　100029）
承　印　者：鸿博昊天科技有限公司

开　　本：880mm×1230mm　1/32　印　　张：12.5　字　　数：20 千字
版　　次：2021 年 3 月第 1 版　　　印　　次：2021 年 3 月第 1 次印刷
书　　号：ISBN 978-7-5217-1753-2
定　　价：88.00 元

版权所有·侵权必究
如有印刷、装订问题，本公司负责调换。
服务热线：400-600-8099
投稿邮箱：author@citicpub.com

献给母亲
感谢您永远支持我
倾听内心召唤
遵循自我喜悦而活

色不异空
空不异色
色即是空
空即是色

我确定
除非我已确定
否则
变幻 世界永不确定

听心

追 随 内 心 找 到 你

以轻微的方式
给羽翼以风流
心灵越丰盛
外在越简单

推荐序

听心就是解脱

你把时间放在哪里，你就成为怎样的自己

这是一个人人都用手机互联、万物皆空、批量"成佛"①的时代，我甚至怀疑，"自己"这个东西未来还会不会存在。

从来没有一个时代像现在一样，想学什么就可以学到什么。技术普惠把高峰抹平，我们可以很容易地成为一名摄影师、画家、诗人、程序员、作家、抖音达人、厨艺高手、旅行家、鉴赏家……就像修图软件把我们修成了一个模样，我们在追求独特的同时，正在抹平当初的独特。对于独特我们越来越容易脱敏，我们不断地在寻求不同，而变得兴奋起来却越来越难。

---

① 现在对"成佛"的新解读，讲的是大部分人理解的物质与非物质之间的可转换性。

手机的出现，令人们进行艺术创作的门槛变低了。以前你需要学习多年的摄影、绘画，有一定专业功底才能创作，而如今我们可以随时随地拿起手机进行创造。由于技术、教育和传播的无远弗届带来了貌似的平等，也许在每个领域，那些曾经最优秀的人将会变得不那么自我感觉良好。比如，受过大量精密训练的围棋高手，一夜之间突然发现，他和一个普通人没什么区别，因为别人通过使用软件，很快就能和他一样的水平。

就像《听心》这本充满觉性、艺术美学的作品，也许看过的人都能成为艺术高手。因为作者并非传统意义上的职业画家、诗人、修行人……他如你我一样，是坠落凡尘俗世的尘埃，图画都是在碎片时间中，随心所欲在手机上创作而成。你或许会从中感受到充满戏剧性的玄妙意境，感受到人文东方的气韵与风骨，领悟到"人见、我见、众生见"的超然。而这些原本就在你我的体内，与生俱来。

未来也许连所谓需要修炼多年的开悟感，最后也可以通过科学技术的方式让人人都能体验到，而真实和虚幻也没有那么大的区别。假如可以批量"成佛"，成为艺术家、哲学家、围棋高手……我们该怎么办？我没有答案，这也是这本书要留给大家的思考。

人类可悲的是，无论你多么努力地去做独特性，但由于技术发展，你的独门技艺很快又会变成人人都能学会的东西。你会很快变得无所适从。这让我想起了一个故事，我的好友吴伯凡熟悉水性，到了海边想游泳，游到了离海边很近的小岛上。他累得气喘吁吁，好不容易爬上岸，陡然发现周边有很多人都穿着干净的衣服站在旁边。他纳闷了,他们是怎么过来的?原来,海水退潮,他们是走中间那条道路过来的呀。他本想体会自己的伟大感和与众不同,却被泼了一身冷水。

尊重自己的天赋

在一个已经碎片化的世界,我们还是可以追寻自己的乐趣,并专注往深处走的。今天你看着没什么用的东西,未来或许会有大用。因此不要随便对待你的爱好,要真的专注你的爱好,也许将来当大家都因为追求"与众不同"而变得相同时,它会成为你谋生的工具。这是一门重要的补课,确切地说,我认为这是人类最重要的补课——对意识进行精微的观察、发展和连接,然后通过觉知、冥想,进行自我催眠,丰富内在世界,从而完成更低能耗的自我进化的过程。

千百年来,无数的慧者,都发现了这个从内塑造自己的方法。

重塑意识雷达

1993年,我进入北京广播学院(现为中国传媒大学)电视系,当时我们有一门课叫"拉片儿",上课时我们一格一格地看电影,我对意识的觉察就是从这个训练展开的,我叫它"观电影法"。阅读《听心》的一帧一帧画面和文字时,我又找回了那种感觉,越来越精微地做意识的觉知,我们会开始变得既敏感又温和,既柔软又坚定。我们会因此改变,起码变得更加顺达。我们的周遭环境、人际关系可能也因此改变,因为我们在不断地向周围释放温和而坚定的态度。

在过去的25~30年的时间里面,我有意无意地使用了这样的方法,去重塑自己的意识雷达,重塑自己对世界的看法,重塑自己对世界的情绪反应模式。我发现,这是一个非常环保的方式。而那些让我感到喜悦的人和事,也因此接踵而来。

龚凯这本书很容易让人触摸到潜意识和力量,召唤自己,成就自己。他的作品证明了一件事情:你以为你不行,只是因为你忘了,其实你可以的。比如,正安举行过一个21天抄经活动,很多人刚开始会觉得很难写出一手很好看的小楷字，谁知道坚持下来之后，99%的人都写得特别好。随着技术的迭代、方法论的公开，你可以越来越简单地学习到很多专业的东西。我们活在了小时候无法想象的时代。

走向真问题

当你拥有了去任何地方的可能性时，唯一的问题就是你要去哪。在各个领域，这个问题都不断地出现，让我们进行着对于内心的拷问。阅读《听心》，似乎有了答案——回归"听心"。《听心》之作就像一次从远古穿越到未来的觉醒之旅，东方式的觉悟原来可以用数字化的方式来实现。听心即解脱。

有一个说法，在一个碎片时代不要成为碎片的人，我觉得这是个伪命题。近一两百年"自我"这个概念才出现，我们现在开车很少靠自己，而是靠智能技术的引导，因为听自己的远不及听导航的更有效。慢慢地，你会放弃自我，所以人文主义的"自我"从来都是个伪命题。通过催眠找到自我，那都是人本主义背景下的学派，未来将没有催眠，我们需要重新定义催眠，活成一个圆融的人，和其他人都可以很好连接的人，我就是你，你就是我，再也没有我。再次论证了，没有谁是独特的。既没有伟大，也没有不伟大。

有新的问题，自然就会有新的解决方法。一本好书一定具有开放性，不要去设定什么。未曾经历的人，可以加入学习；经历过的人，也可以给他新的思考。流传的书不在于给出一个解决方案，更重要的是，是否提出足够深刻的问题，而《听心》正是这样一个提问。

梁冬

2019 年 10 月于敦煌

自序

我，纯属意外

《听心》的画与话来得有些意外，它来自我每天相伴、形影不离的手机。

几千多天前，我开始了一个时间倒流的实验，面对必然要结束的时间，每天倒计时，留片刻时间在手机上创造一张画、一段文。笔是我的手指，纸是手机屏幕，墨是硅基芯片的数字运算。就这样，时间碎片在手指和手机的触碰与转折中点滴聚拢。今天呈现在你面前的作品，是一场偶遇。在这里"偶然"被作为画布，书本中留出了大量空白，邀请你的灵性一起来充盈这个听心对话空间。

倾听正在生成的未来

我们都活在经历的记忆中,那什么事情值得被记忆呢?我发现每天重复的劳作已经被遗忘,而每天几分钟的听心对话,却成了这段时间最深刻的记忆。看来,我并不是活在时间之河中,而是活在凝视中。

就像鱼,它只有当跃出水面时才能看到水。我们每天都在为"生意"操劳,如果能跳出水面,重新凝视每天的"生意",会发现我们活着,不都是在追寻生命的意义和生活的诗意吗?

获得新的视角需要我们从原有的时空中逃脱出来。在大多时候,"听心"的起始毫无目的,面对作为画布的手机,我会随意涂鸦,没有预设的主题,也不知道接下来会展开什么,全听手指和手机的摆布。数字自有它的契约,随着漫无目的第一笔落于屏端,就会生长出第二笔、第三笔……手机屏上逐渐有了生机。当你暂停,重新凝视生成的画面,隐约会看到一些意识的涌动,潜藏在深处的好奇心开始有了渴望,渴望图景的出生。无序中有了必然的意志,画面的感受蔓延开,未来此刻被生成。

从起始第一笔的意外,不知道它来自何方,到意识清晰而确切,这是一次随心而来的流动,在不确定中探寻到确定的意义。

第一次观看呈现在眼前的画面，感觉既新鲜又恍若隔世。我尝试着用文字的理智，去留住那一刻的触动，将这份原本飘浮的意识潜流，经由逻辑的缆绳，绑定在思想的大陆架上，等待着下一股意识流的冲击和交汇。

向内走，超越局限

和自我神圣空间对话，贯穿了整个人类历史长河。古希腊阿波罗神庙的金顶上刻着这样的一句话："认识你自己。"这句话是苏格拉底、老子、孔子等世间的圣人们的心声。

我们拥有两股交织的力量，一对外进行生存竞争，二对内寻求安宁。通过竞争我们获得对物质和身体的保护，为此我们创造围墙，更多更高的围墙。而对内的探寻，表面上是一份安宁，而实质是进入浩瀚无垠的意识世界。向内走，探寻自我，超越局限，这是一个永恒的话题。

倾听我心是如此重要，以至于我们在岩壁、皮毛、陶瓷、竹简、绢帛、纸张，直至如今的手机上不断进行探索。

听心的创作过程很像生命初始的创造过程。随着激情热流在一个空间中持续注入，无序中涌现出秩序。在忽隐忽现中，"我"被映照出来，那是潜意识的浮现，它听心生长，成了画和话。

意识与思想每天的内在对话：

一、超越物质，意识会偶遇。

二、毫无目的，也不期待有结果。

三、画和话是情感与理智，意识与物质的和解。

出生是一次意外，而我与你的交织是一次必然，你能看到这本书，这已经成了注定的现实。

唯有此刻是原作

数字化为人类意识提供了新居所，听心的创作有了一个崭新的问题："在数字克隆的世界，哪一件作品才是原作？"在追求个体独特的年代，唯一的原作可以价值连城，而数字是平等的，是可以无限复制的，人们会说数字没有生命。可同时，生命基因的密码已经被破译，人类正从碳基生命向硅基生命迁移，我们引以为傲的情感和创造力，似乎是被设计的产物。

庆幸的是，听心此刻我们还可以任由直觉和喜悦来掌控大局，它总是在深处呐喊，"我就是世界的全部"。这份喜悦，带来了我们的对话，"此刻"变得不可复制，"此时此地"就是你我唯一能存在的地方。我们相互听心，不再孤独，每一刻都是唯一的存在。面对同样的一个画面，你我之间的感应，只会是我们独有的，我们共同创造了这个时间和无限空间。

你会在直觉上喜欢上一张画、一个图景，那是一次预谋已久的共振，在共振中，你的直觉敞开，自在畅游。如果想继续去探寻喜悦背后的方向，每张画作后的文字是一个线索。这些文字就像一把进入我之门的钥匙，引领你在和煦暖风的萦绕下穿越秘境。

重来

数字意识的创造，奇幻之处是可以"重来"。过去的画布创造出奇幻的空间维度，如今数字创作有了修改时间的魔法，这让创作多了一份诡异，因为随时可以反悔和重生。

生活在消费社会的人们，白天被各种意外信息轮番轰击，手机已经成了重要的生存器官。到了夜晚，现在可多一个选择，那就是打开手机不再是刷屏，而是进入自己的内在世界，随心涂抹。在涂抹的意识世界，这是不是轻松多了。

是的，当你看到直觉相通的画面，画面成了一个和自我重新连接的入口，这是一次轻松的反转，一次内在的重建。从这个意义上说，《听心》它不只是一本供阅读的书，而是一场心境电影，是一份陪伴，在身边、在枕边，你可以随翻、随访、随顺轻盈，允许自己，放过自己。我们除了做个英雄，还允许自己做个孩子，允许自己有更多身份参与自我的创造，多些期待，多些可能，此刻只与"我"在一起。放轻松，交给风，梦原本就真。

一万观者，一万零一个解答

人是如此孤独，以至于渴望和世界连接。手机如同人脑延伸出去的外挂神经网络，设计初心是方便人们对外高效沟通，可外界的无限信息具有侵略性，一不留神就会将人引向复杂和焦虑，时间不再属于人自己。

同样是用手机，我们还可以尝试向内连接自己。把时间重新交还给自己，每一秒每一帧指尖的画面，都是自我的无限扩张。生长出来的，是自我在浩瀚世界里的一束微光。手绘的图像，复制，复制，复制无数遍，还是那个固定的代码，似乎永恒不变。而每次的凝视是如此多态，一万个观者，会有一万零一个解答。多出来的那一个是你我共同的创造。每一个身份都是我，也都是你，都是你和我的化身。你看到我，变成了你。你要是变了，我也就随你变了。多出来的一个意外总是在等着我们。

亿万念头，千万画面，在一个全息的世界，如镜片的每个碎片。观者所见，皆我之镜。只因此刻，我们被看见、感受、感应、联结。

在此时此地，你不需要为生活设定目标，也不要选择正确的方向，而是学会倾听我心，体悟她想要通过我们创造怎样的生命，她也正在等待着被你承认。

在急速变化的数字时代，我们在听心世界上溯空性，下及万有，以无限身份，活出本性。"听心"创造的就是这样一个空间，等待着你去充盈。相信，此刻的相遇会让你由衷欢喜。

龚凯
2019 年 7 月

导读

追随内心 找到你

"这样生活有意义吗?"这是一个融入我们血脉的提问。周而往复地生活,你会暂时遗忘这个问题,而每当寂静独处或面对人生重要抉择时,这个深处的问题就会涌现,似乎总有一个神秘人在和你对话。

神话学家坎贝尔说,世上只存在一个单一的神话,无论民族、文化、历史如何不同,神话的原型只有一个,它诉说着人类共同的命运,隐喻了人类共有的原型式英雄人格,它等待着我们,用故事的方式表达出来。坎贝尔认为,世界之上存在着一个超越神话的神话、超越故事的故事,并据此提出了"英雄之旅"人类灵魂锻造的模型。英雄之旅所表达的是人们对自我蜕变的共同追求,可以帮助我们辨识人生中反复出现的模式时间表,帮你认识自己所处的人生阶段。如果说基因破解的是生命的物质世界,那英雄之旅解码的就是人类共同的精神世界。

"听心之旅"是我们共同的命运蓝图,它将以三个篇章展开旅程。

听心之旅
参考改编自:坎贝尔《英雄之旅》

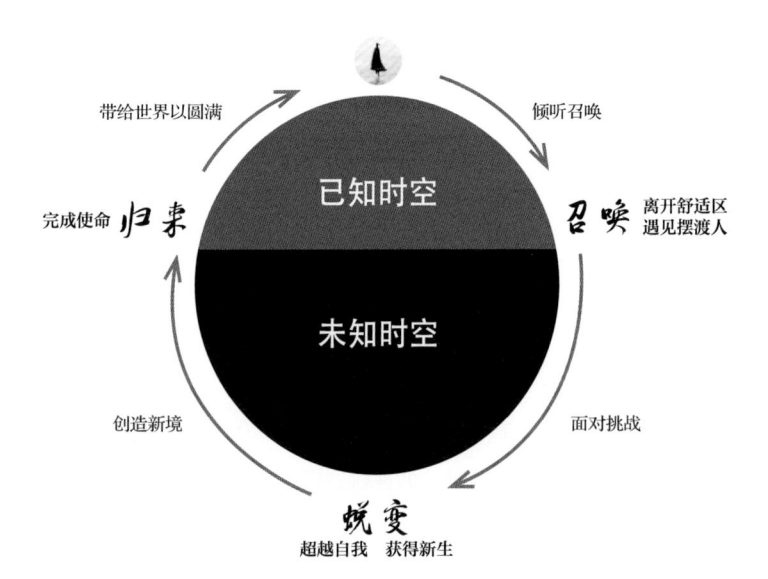

带给世界以圆满 — 倾听召唤

完成使命 **归来** — 已知时空 — **召唤** 离开舒适区 遇见摆渡人

创造新境 — 未知时空 — 面对挑战

蜕变
超越自我 获得新生

召唤

倾听我心、获得召唤是传奇故事的起点,接下来人生将进入一个神话的演绎,它打破生活的平衡,接受召唤,跨越阈限,扩张边界。

接受召唤是回到母体,回到生命发生前还没有姓名的伊始。如同宇宙来自一个奇点,人类的源头也来自同一个召唤,它的外形不断变幻,而主题亘古不变。每个人都拥有蕴藏在体内的强大梦境,在那里他们无所不能,拥有神力。

面对未知的明天,外部世界无限膨胀的信息,和突如其来的不确定挑战,我们有限的生命,必然会去寻求简化,而意义归一的召唤,将触发我们深层的创造力,它带着初生的意志想为世界创造些什么。召唤将打碎现实世界的自我,让我们去迎接精彩的重建,重建更开阔、更纯净、更温暖而丰富的生活。

蜕变

所有今天的磨难,都是一份迟到的祝福。当我们接受召唤,踏上听心之旅,必然会经历沿途的百转千回。在旅程中我们将获得向导的指引、贵人的援助,突破一个个巨大的险阻。我们同样会遭遇"恶魔",从开始你恐惧"恶魔"到后来你面对"恶魔"无惧，你明白了一个奥义："恶魔"是你内心要面对的恐惧和缺陷，你如果欢迎"恶魔"的到来，它就是你与众不同的创造力的化身，是你生生不息流动活力的来源，你要做的不是把它湮灭，相反，你邀请它在更大的场域中共舞，去开拓更壮阔的边界。

我们经受考验和磨难，允许所有的经历流经你，如同江河流过壮阔的大地，世界的边界将被冲刷得越来越宽广。我被经历所改变，我的生命被重新塑造。

归来

经历伟大的重塑（或者说是纯净的洗礼），我们以慈悲的自由之身回归，带给平衡世界以馈赠，成为神话和现实两个世界的主宰。

我们获得的最重要的礼物，是感受到世界是一体的，我们彼此相连，让喜悦、爱与慈悲滋润每个人的内心。我们拥有了一份轻松自在，觉知到：并没有什么事情一定要去完成，也没有任何一件事情已经被完成。每一次境遇都是连接自我的全新机会。我们分享所知所获，带给这个世界以圆满。

听心之旅

归一：确认自己

归位：创造自己

归来：奉献自己

归来

完形 243

自在 277

归一 321

蜕变

好奇 117

创造 155

新生 195

召唤

直觉 003

意义 037

启程 075

听心

追随内心找到你

听心

追随内心找到你

召唤

直觉·意义·启程

每个人都有
一条等待你去发现的道路
这条道路只为你而开
你一旦踏上这条道路
苍穹穿透我们
宇宙和我们的呼吸合一
世间万物都将与你契合
你只需要向神圣迈出第一步
诸神就会向你迈出一百步

——坎贝尔

直 觉 · 意 义 · 启 程

是什么让我着迷
以至于时间消失

被召唤或不被召唤
我始终在那里
找出我赖以生活的神话
那是我内心的极乐世界
召唤我踏上听心之旅

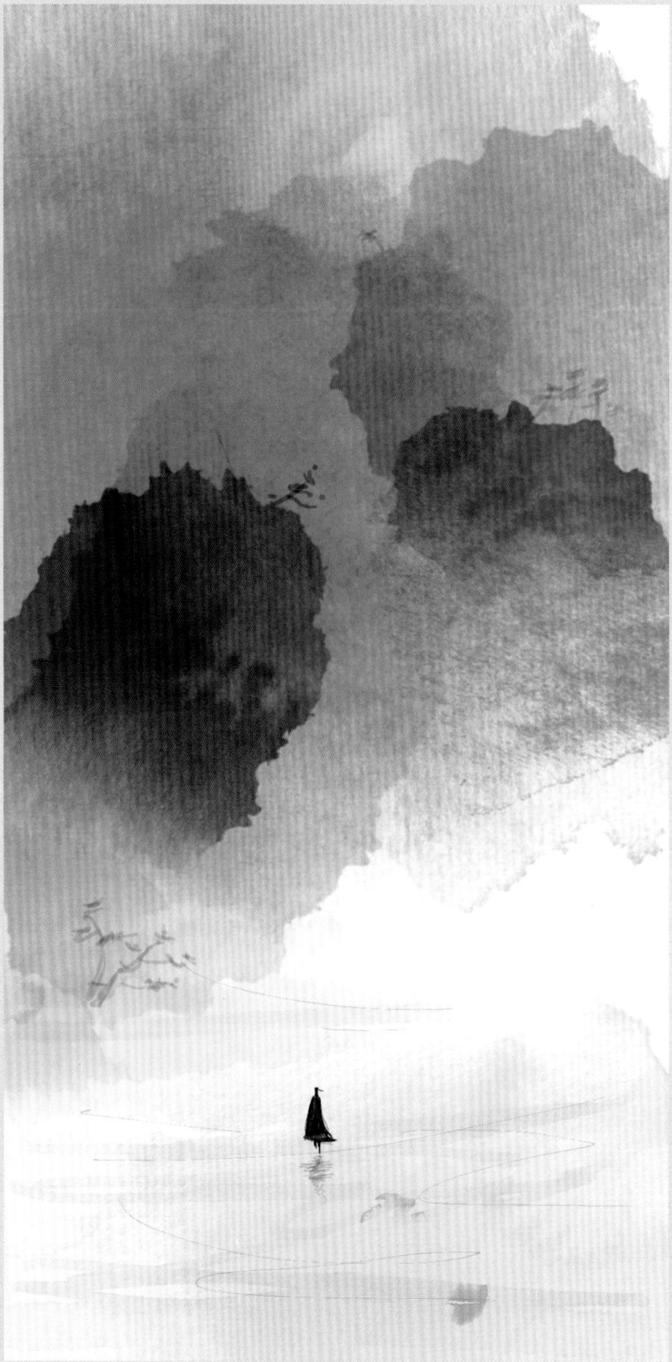

此生就是找到那扇门
到达我们来的地方

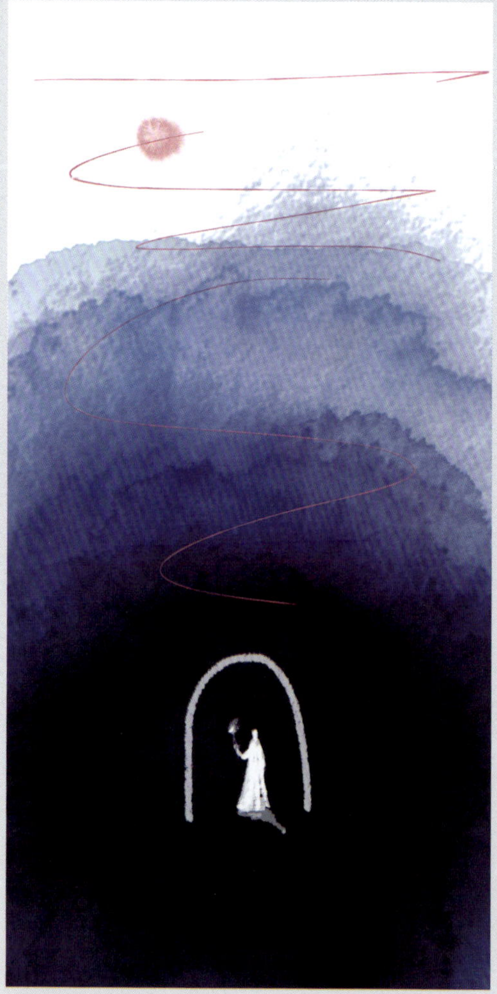

让纯净之光
流经尘封的身体
从心开始

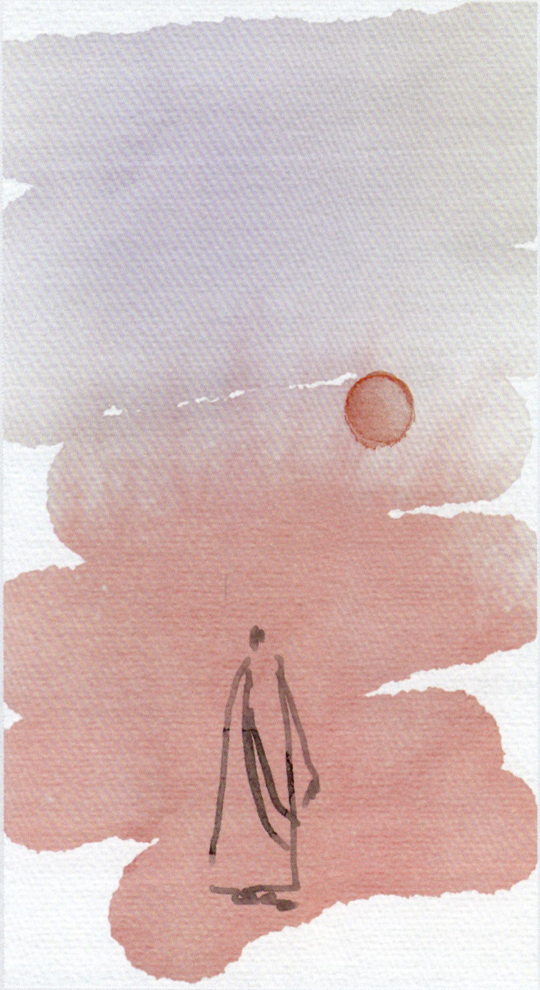

不要放弃
与自己对话的力量
给自己一个神圣空间
独在
与自己内在的神灵对话
你就是你的摆渡人

我是谁
这由不得选择
顺应
深深的旋流
在深处
答案浮现

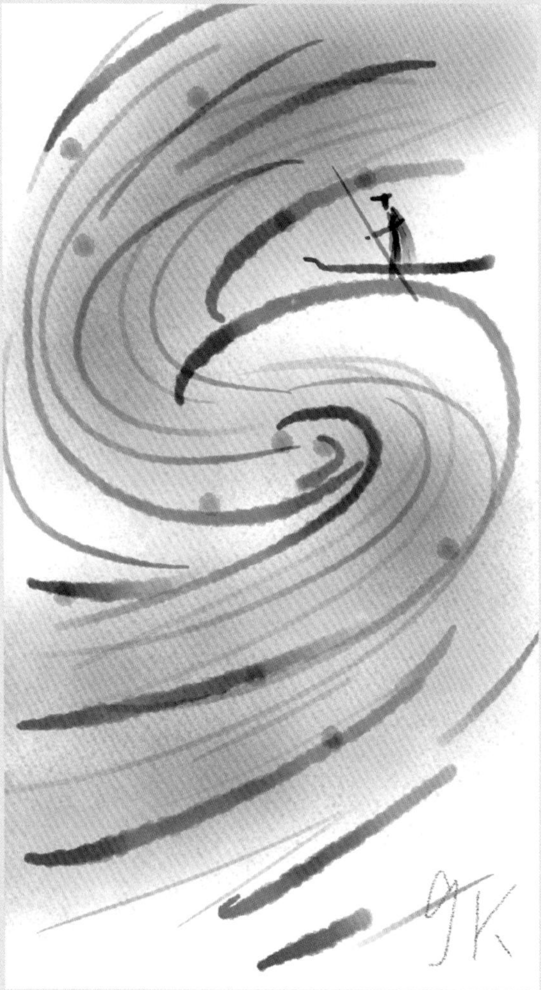

每一次的深潜
都是一次回忆
我记得
水是初生
源
河是此刻
桥
顺游到达彼岸

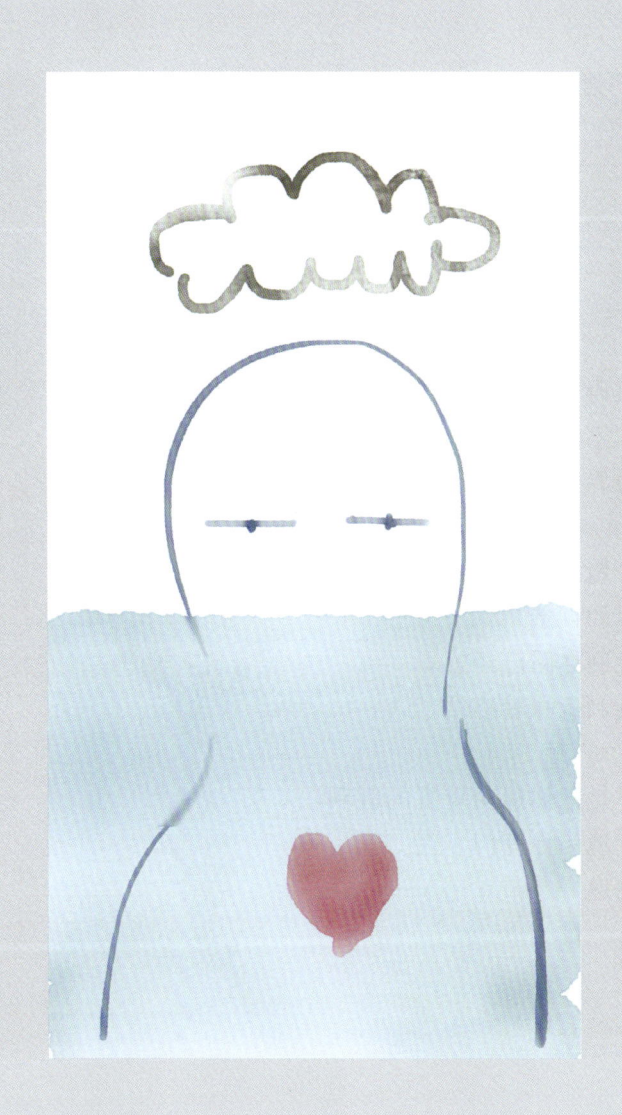

遭遇阻碍、破碎、困顿
踏入"不知道"之门
新的边界被开启

深处梦境的交织
是无尽的创造
通向胜利之路已经崩塌
因为胜利意味着终结

现实总是把你逼向重复的胜利
只有梦境为你开门
我心飞逸

力量划过眉梢
神印王座坠落

猎手千里迢迢
如一匹
忘记草原的狼

放开
再翻开
血斩群雄
万剑归宗

你要的神力
不给力

我弃的雷电
不断电
一滴泪光
分两行
一边黑暗
一边深渊
于是
光
穿透裂缝
白色经幡
溅满葡萄液
那是你
采集的明媚阳光
嫣然一笑
倾城

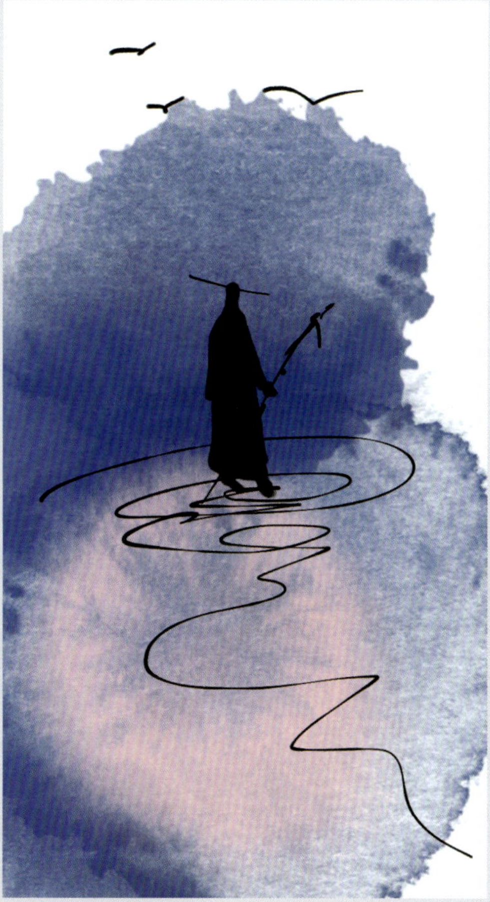

只要你行动
你就是不完美的
向一个方向前行
也就放弃了无数方向

无论你怎么选择
你总会听到其他方向的反对
分裂如此产生外部世界无限可能
而你只有一个
倾听内心的召唤
每一步都将被允许
都是自然的绽放

如果爱它
就压倒它
如果恨它
就转化它

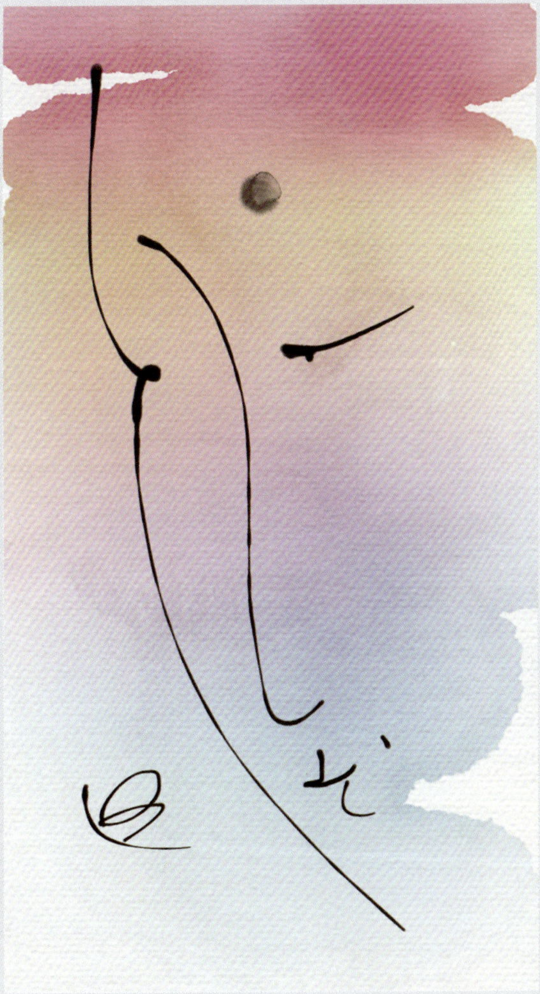

为自己叫艺术
为别人叫慈善
同时圆满叫觉悟

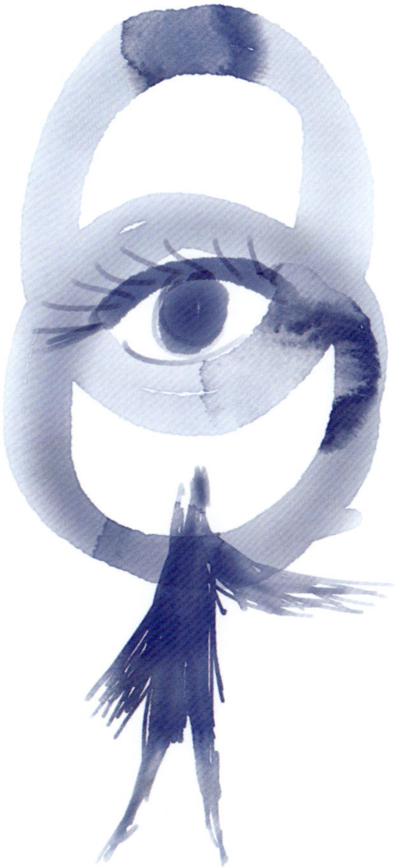

最值得期待的创造
是破壳前
零的孕育
打开充满风险
柔软需要呵护
生命在温暖中诞生
相信你拥有让自己变得更好的力量

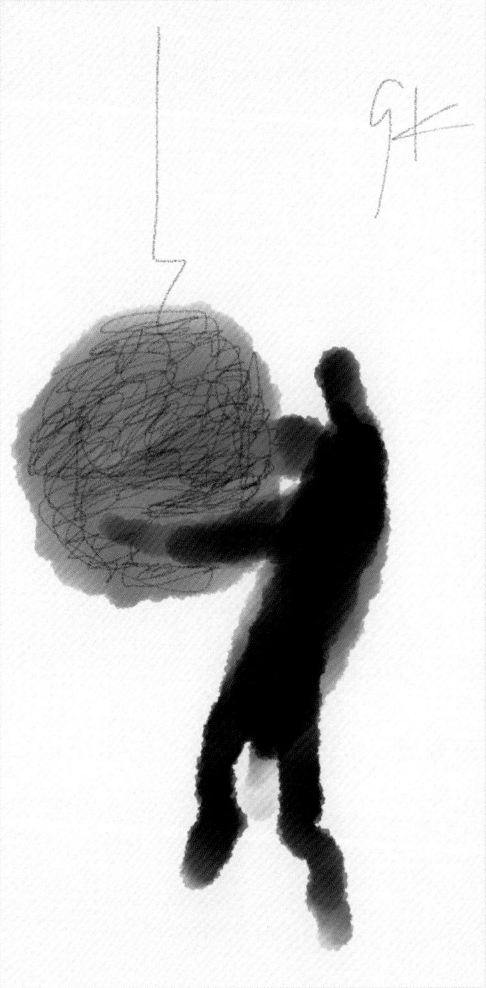
GK

唯一的光
透过心的棱镜
万千世界折射分离
那是观者的眼界
纯粹之心
如如不动

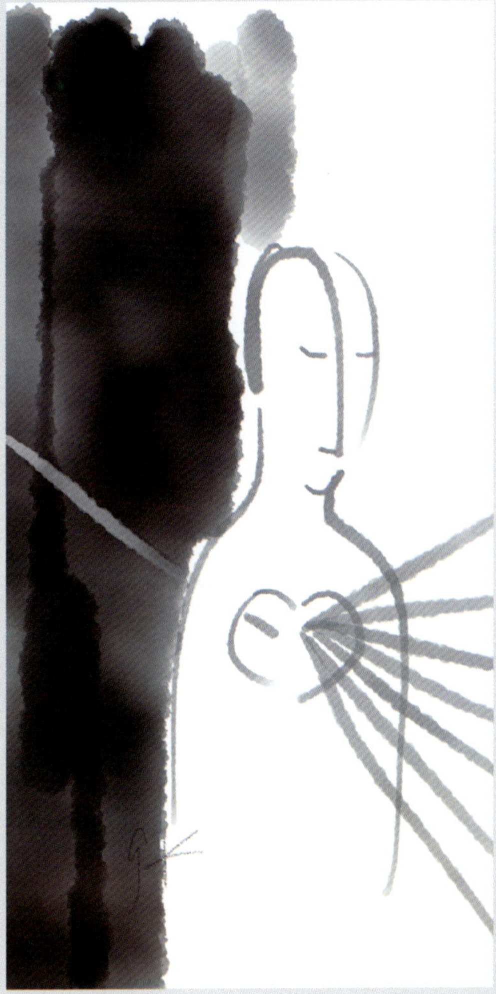

遵循内心直觉
喜悦而活
做你直觉喜悦的事情
就会吸引你喜悦的事情
就会将你期望的情境
人和事带入你的生命中
关闭一万个世界
重建一个世界

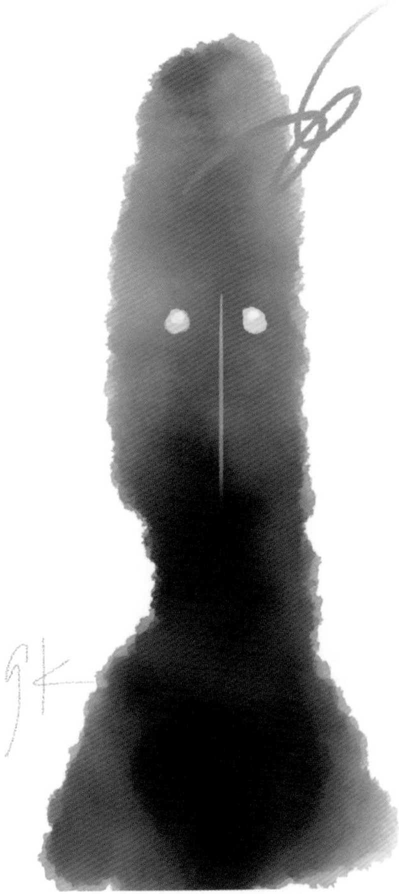

此生
成为注定要成为的人

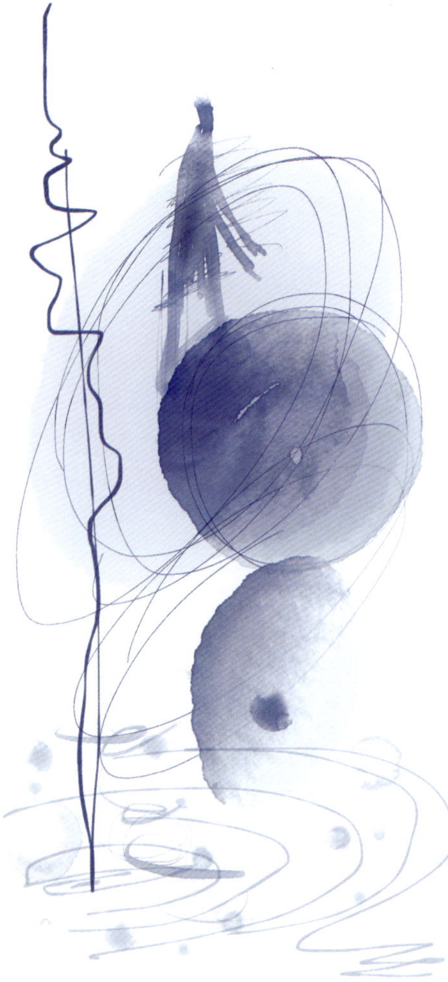

天赋是上天的礼物
必须送出去
这是使——命
使用自己命的方式

看着自己
顽皮地对他
你就逃脱了他

提高要求
现在就难受
放低要求
未来会难受
最后我选择了停留

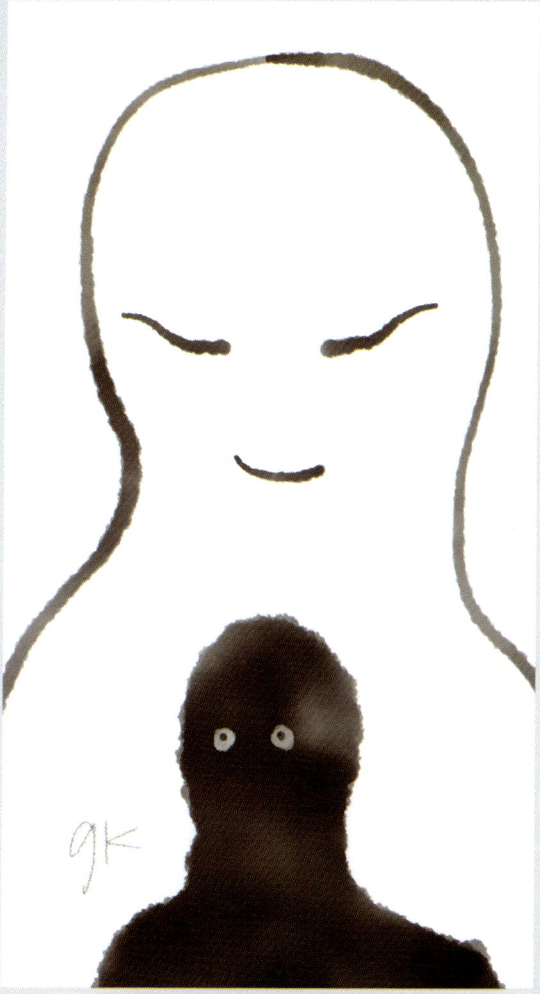

听心

追 随 内 心 找 到 你

直 觉 · 意 义 · 启 程

直觉喜悦
是一张观望前世今生的门
此刻
是前世种下的誓言
交由今生来完成

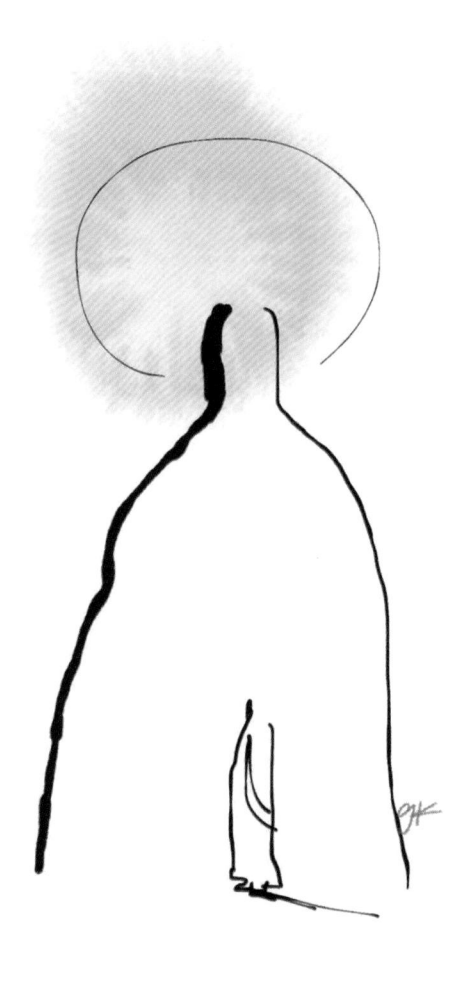

花瓶碎了一地
化为泥土
孕育新的种子

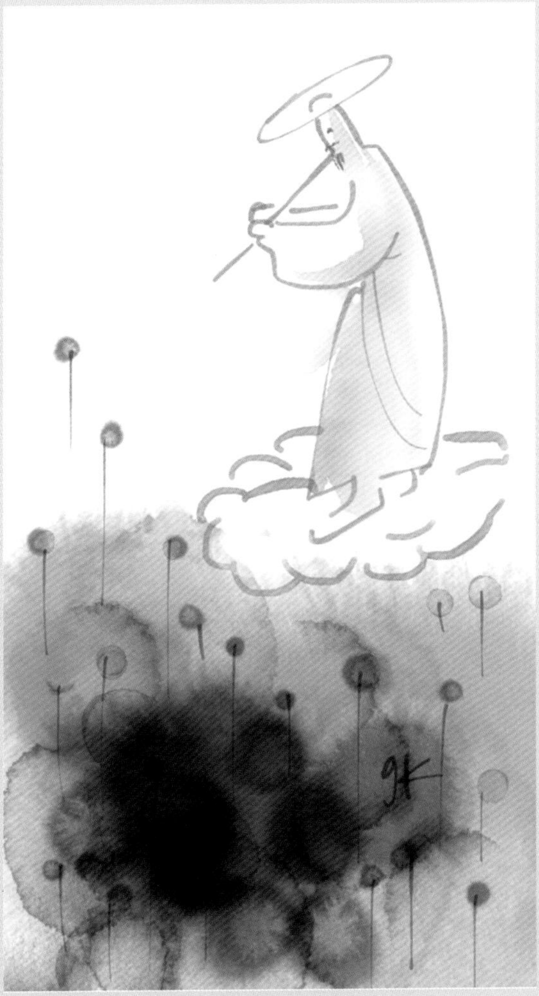

执着敲门
必有一扇门
为你而开
我见
人见
众生见

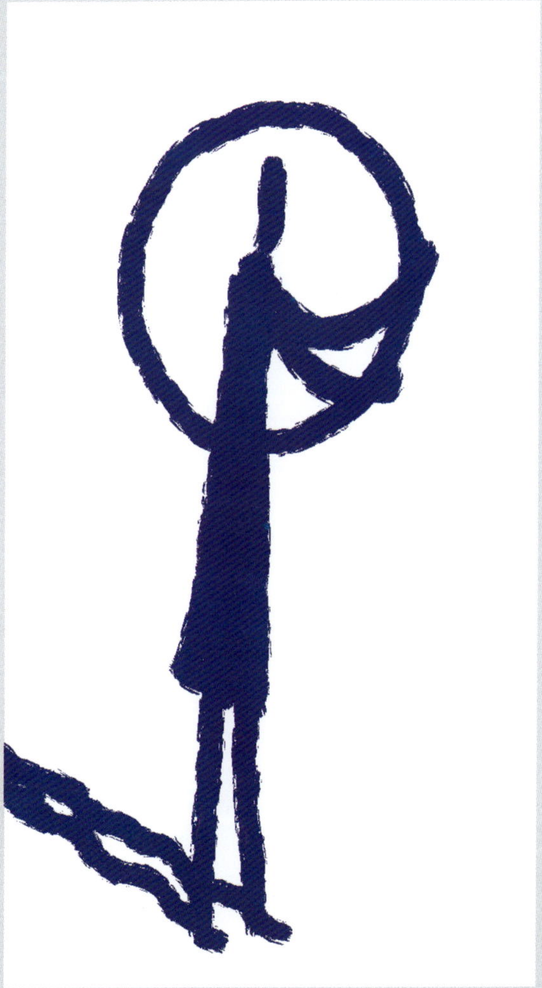

开门
探寻原力
放心量

见山
精进打磨
见众生

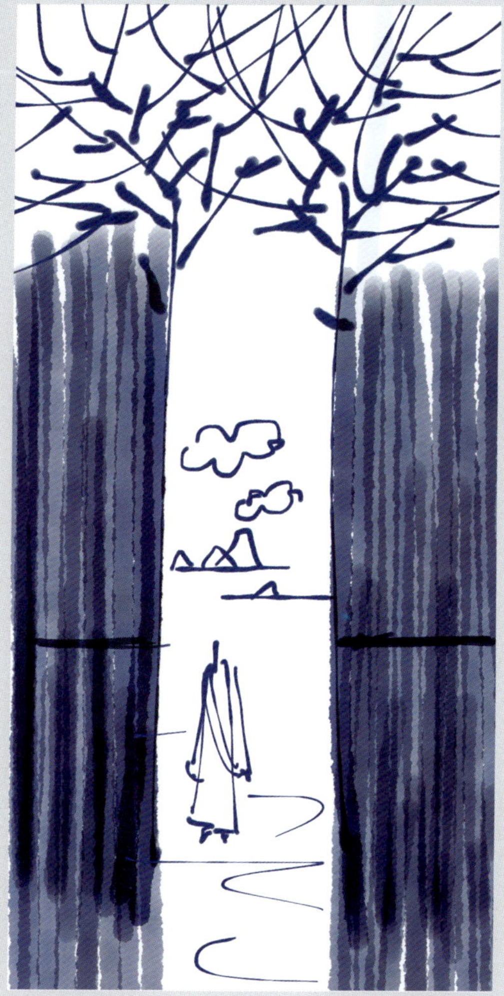

有方向
无目的
所见复杂
只是深奥简洁
生长出的枝叶

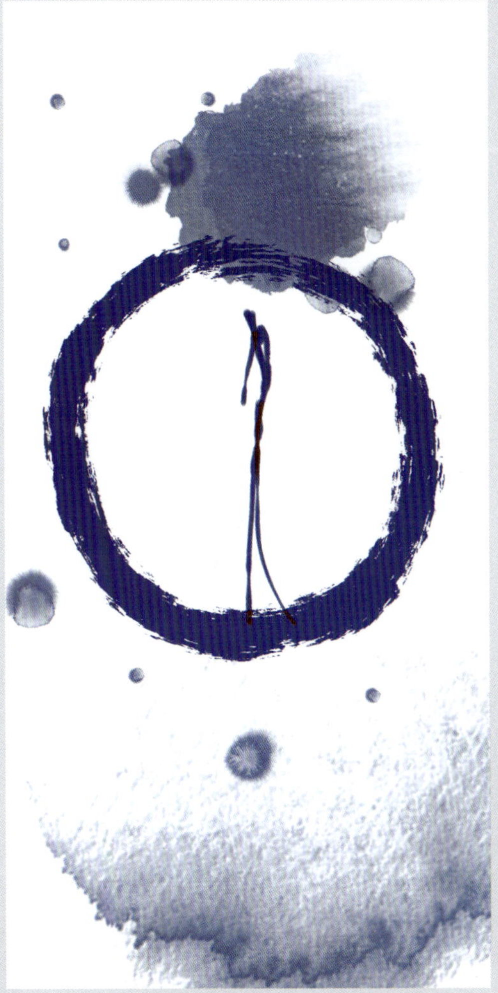

时间不是敌人
也不是朋友
而是我们的燃料
通向目的地的有限燃料

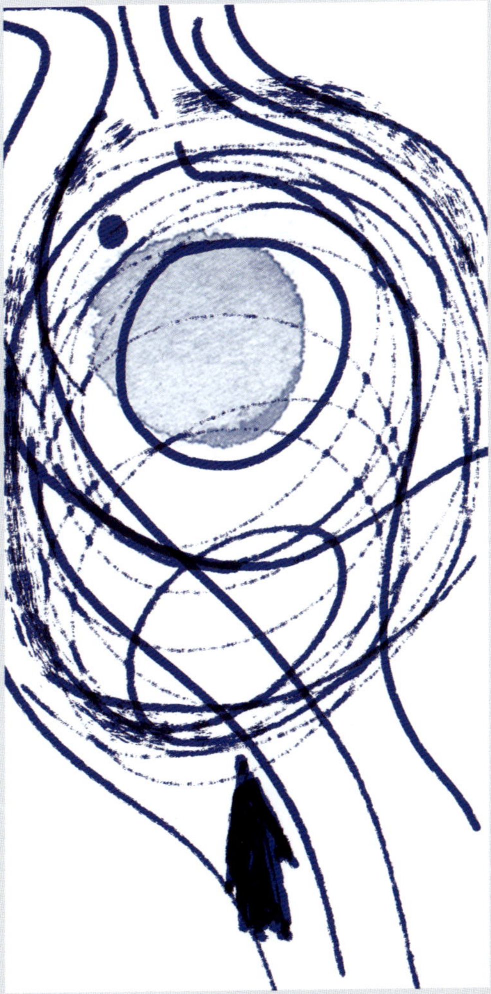

白天的我
围绕世界而运行
生活的游戏依赖目标而活
而一切坚固的目标终将破碎

夜晚的我
沉睡
成为同一个问题的孩子
世界无限自由
为什么我还要醒来

倾听到自己
就具备了一种品质
世间万物都是中心

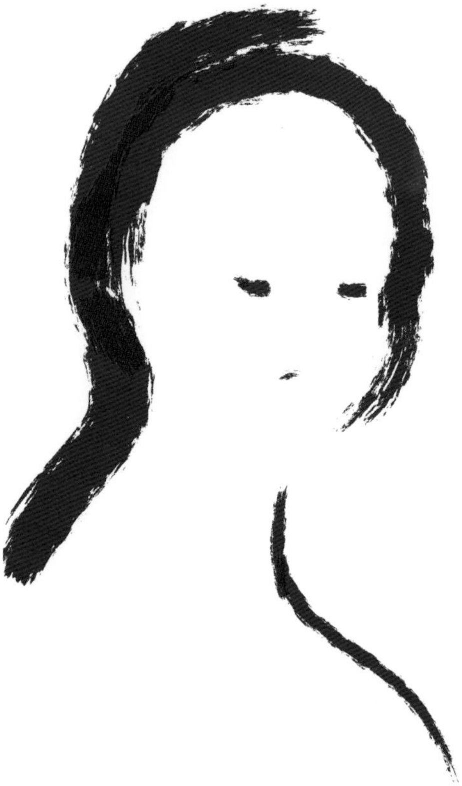

独立峰岑
临渊俯视
人如虚空飘浮的孤岛

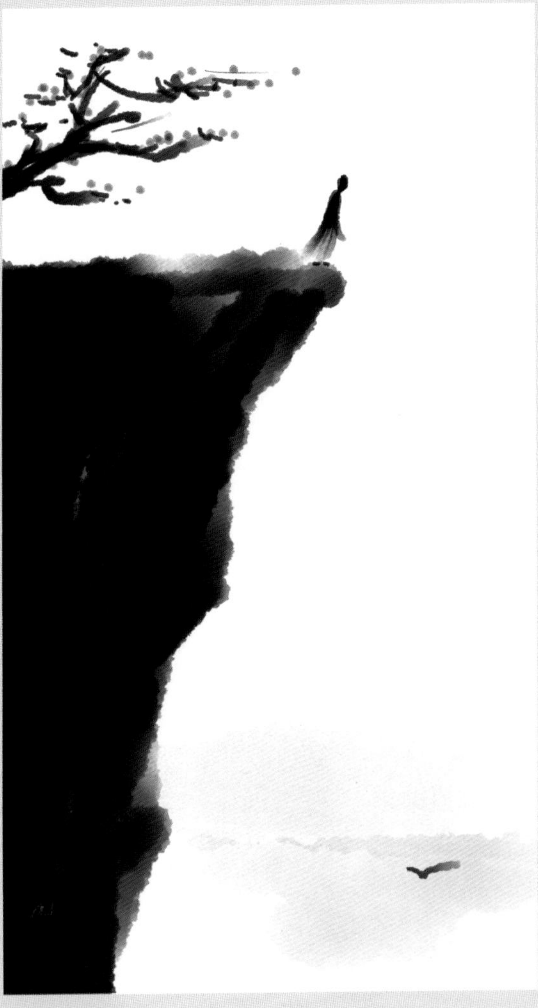

如果太在乎目的地
到达就是一种毁灭

与其带着期待去追未来
不如现在就活尽兴

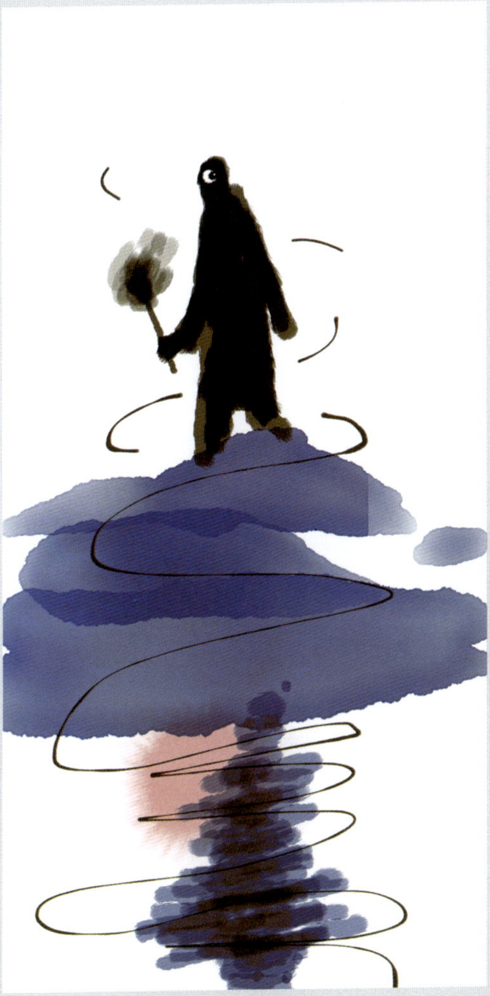

天赋是黑暗中的微光
是暗的挤压
擦亮了微光

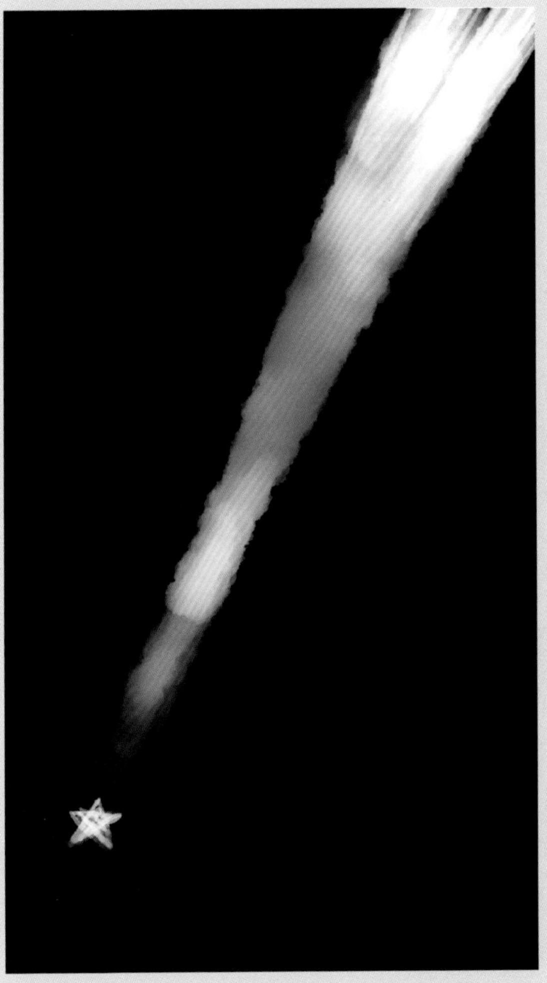

多数人攀爬生活
少数人凝视生活
每个路口的选择决定了今天的道路
有些人越走越宽
有些人走进了沟壑

多数人以为路在脚下
埋头物质台阶的攀登
挤在了狭路
少数人仰望天空
觉醒于无边无界
通达天路

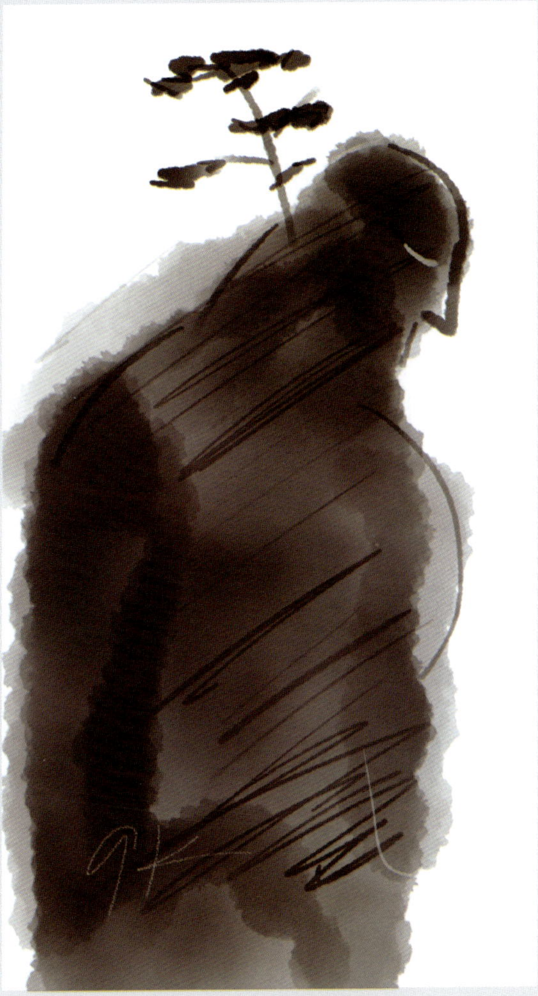

跟别人走
开始轻松
可别人不再给你路走时
你就成了奴隶

跟自己走
开始艰难
走着走着
你就成了路

终其一生去"成长"
而非"增长"
成长的是无限的心智世界
增长的是有限的物质世界

他人不可改变
就连自己都不可改变
每个生命都有它独有的蓝图
找到即成就
终极成就是有关自我的发现
而不是试图改变自己成为他人
接受该接受的
改变能改变的
他无意改变世界
而是以自我为湖镜
照耀沐浴之人
发现自己
解脱自己

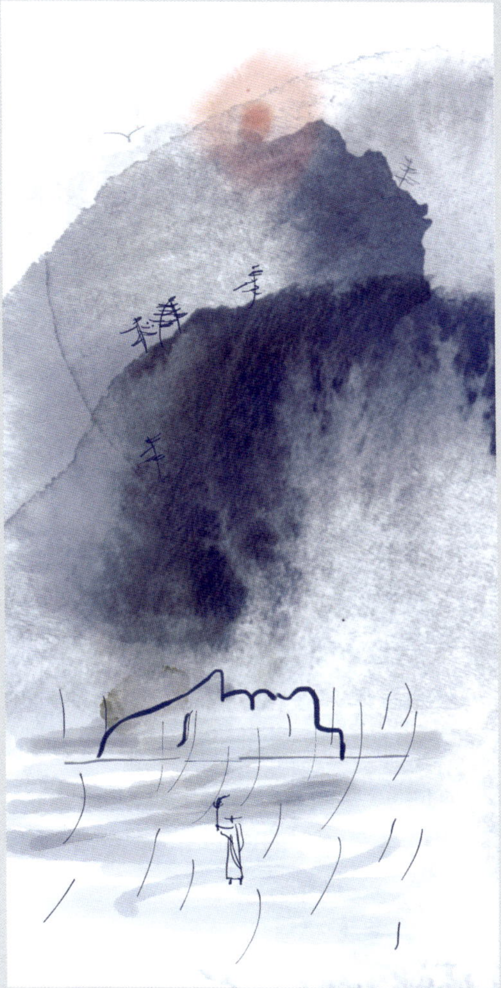

金钱终究只是介质
思想才是购买生命唯一的货币
此生要赚的并非金钱
而是要去赚取时间
自在的时间是和自己在一起的时间

囍

苦

生命不是一个难题
而是一个等待绽放的奥秘
孤独如人
渴望拥抱
没有深谷
哪有爱河

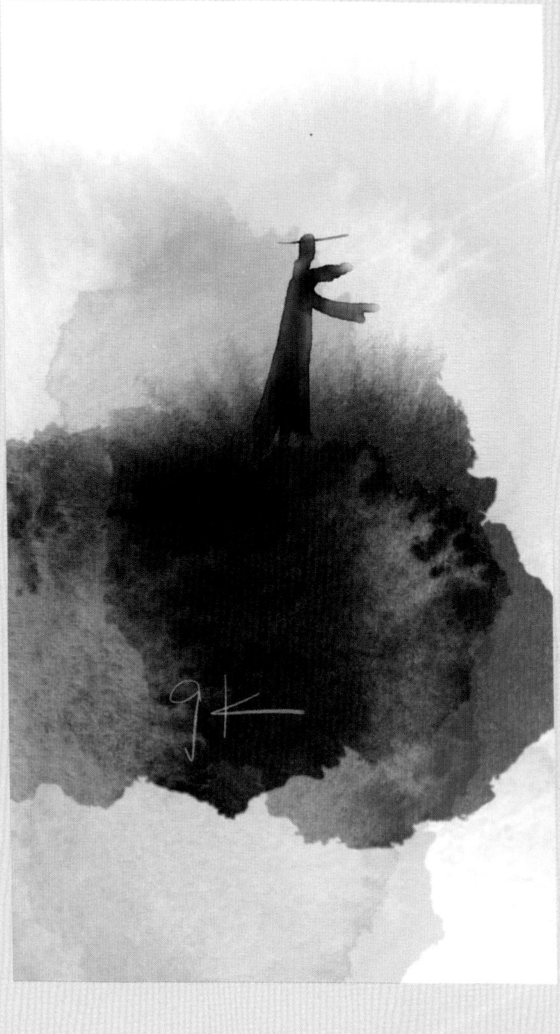

当增长代替了生长
你就丢失了自己

开心成了追求
也就给自己下了一个钩
诱惑你的初心

是一万个念头快
还是一个念头快

无快不破
破的是你的快乐
你只有一颗心
却要迎接一万个念

你说
万念是为了生计
可想着想着就上了瘾
停也停不下来

此刻
万念归一心

听心

追 随 内 心 找 到 你

直 觉 · 意 义 · 启 程

与其适应路
不如成为路

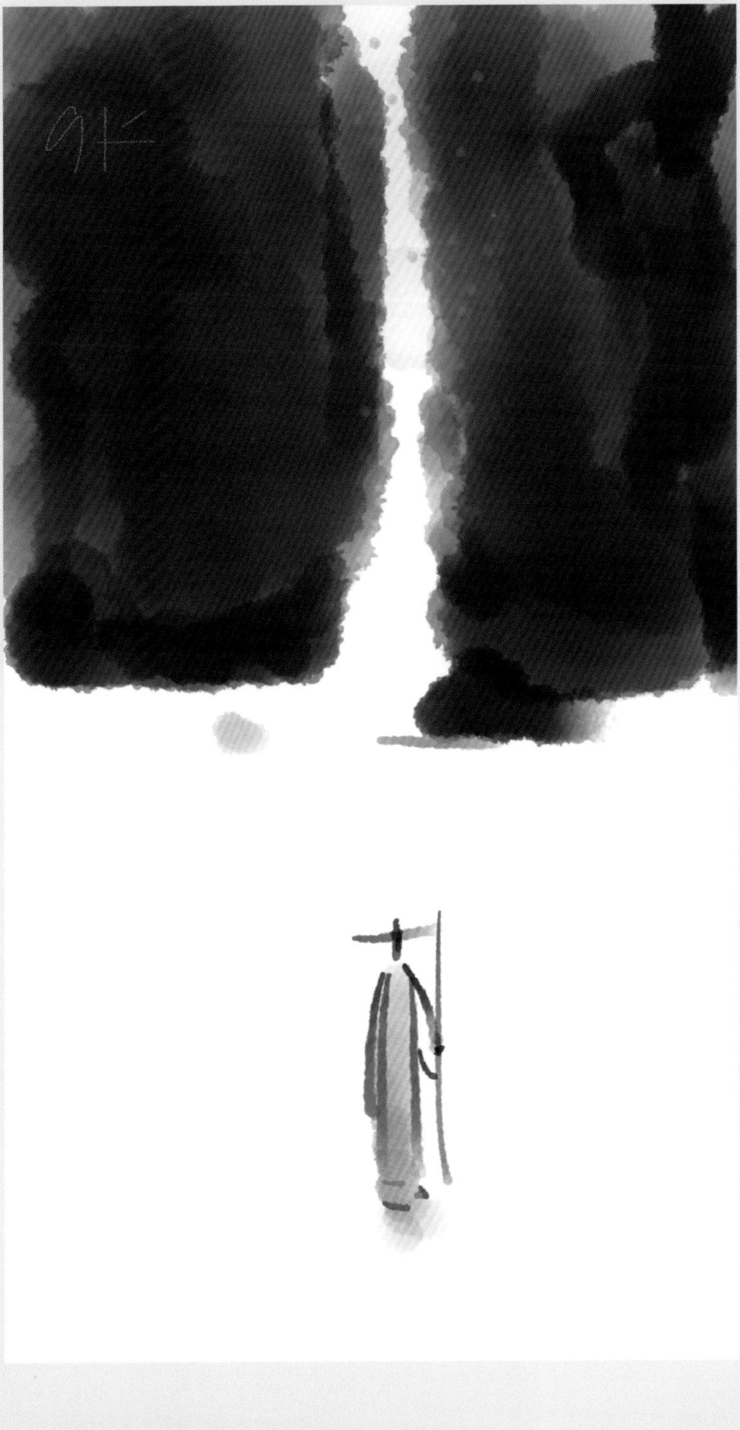

与其说我心向光明
不如说我有幸获得了邀请
融入宽广自在的妙境旅行

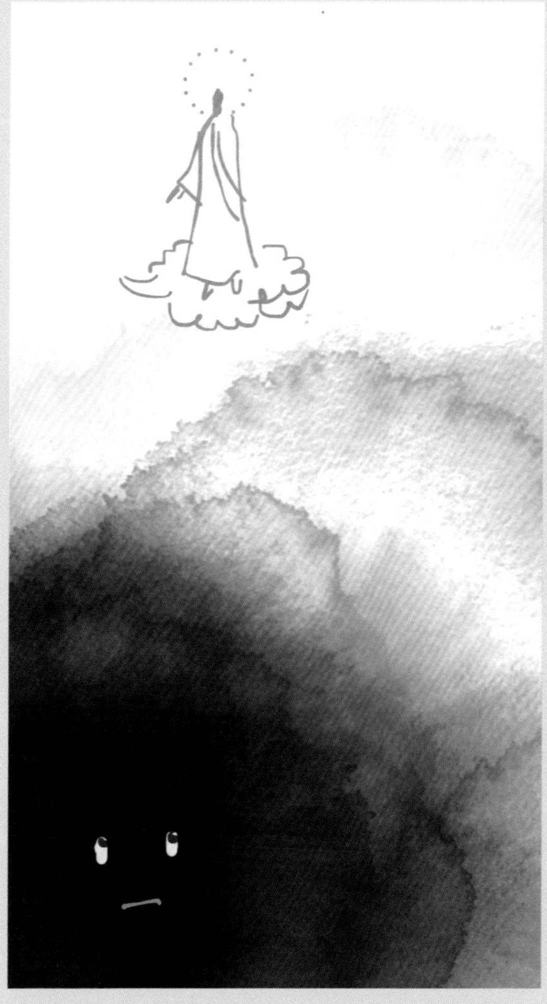

我不怕错误
只怕错过
我要让奔腾的河流
在你我的经历中沸腾

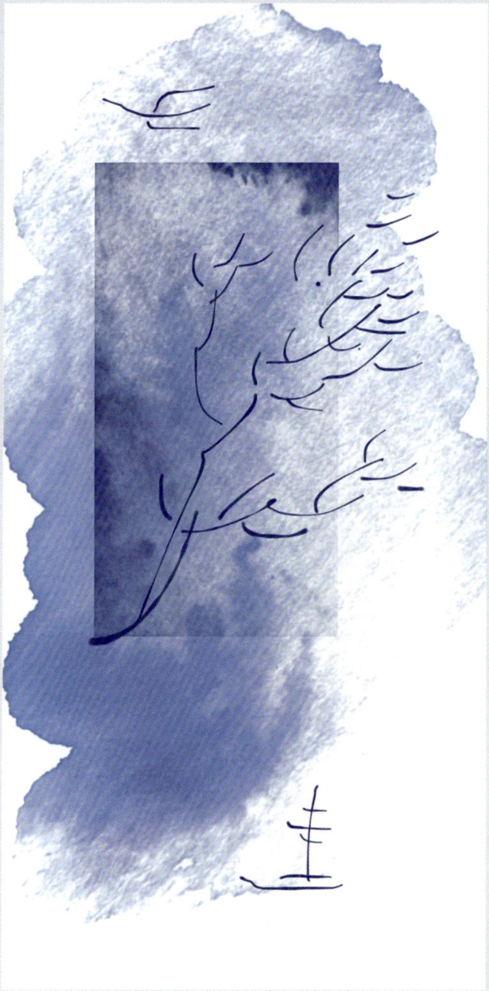

世间没有对的人和事
只有放对位置的人和事

不要因为想让所有人都喜欢你
就去喜欢所有人
这会让你变得稀薄
一个有浓度的人是桀骜不驯的

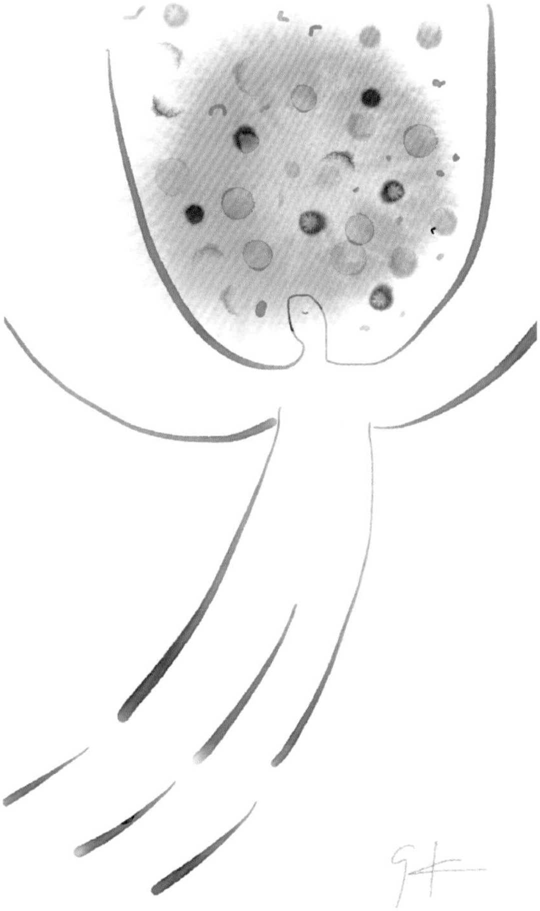

我的存在
只因你的需要

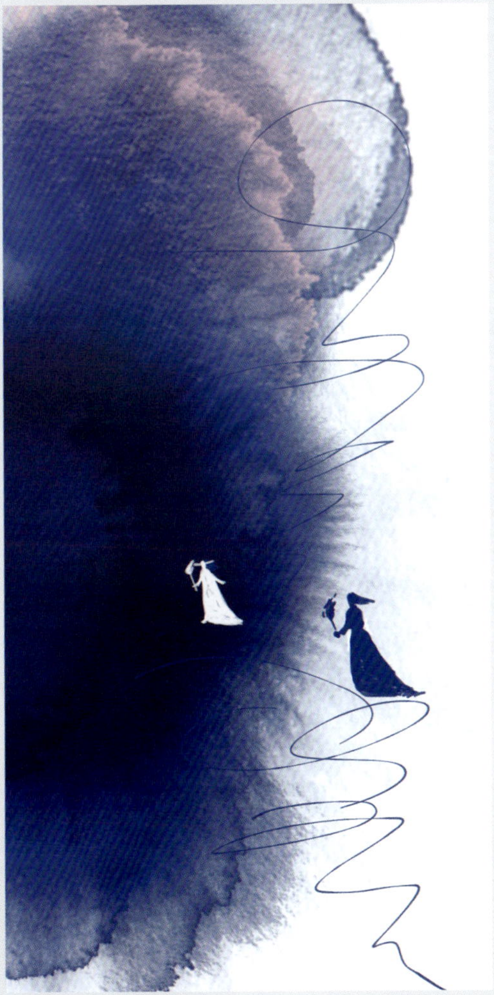

人生效率无法用金钱度量
它由每一天、每一分、每一秒来计算
它与自我感受相关
不被外来尘土污染
人生效率来自做自己喜爱又能担当的事情
可这并不容易
因为社会认同会将我们带入比较之中
想获得人生效率
就需要拥有被人讨厌的勇气

没有发展出共鸣接收器前
再高明的信号也只是无形的空气
认知接收器局限了我们的思维
你共振的边界
决定能到达的境界

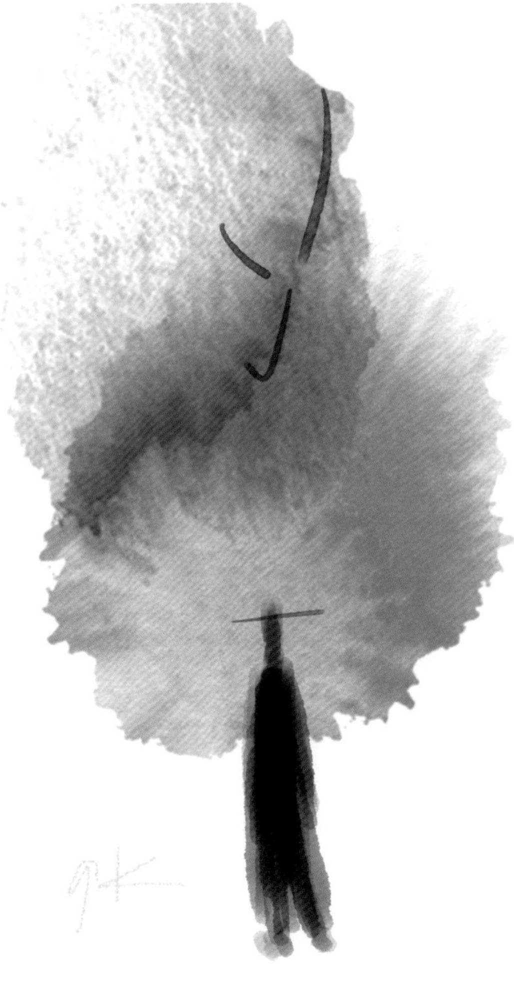

一种学习是因为恐惧
另一种学习是因为天真
恐惧催人老
而天真常春

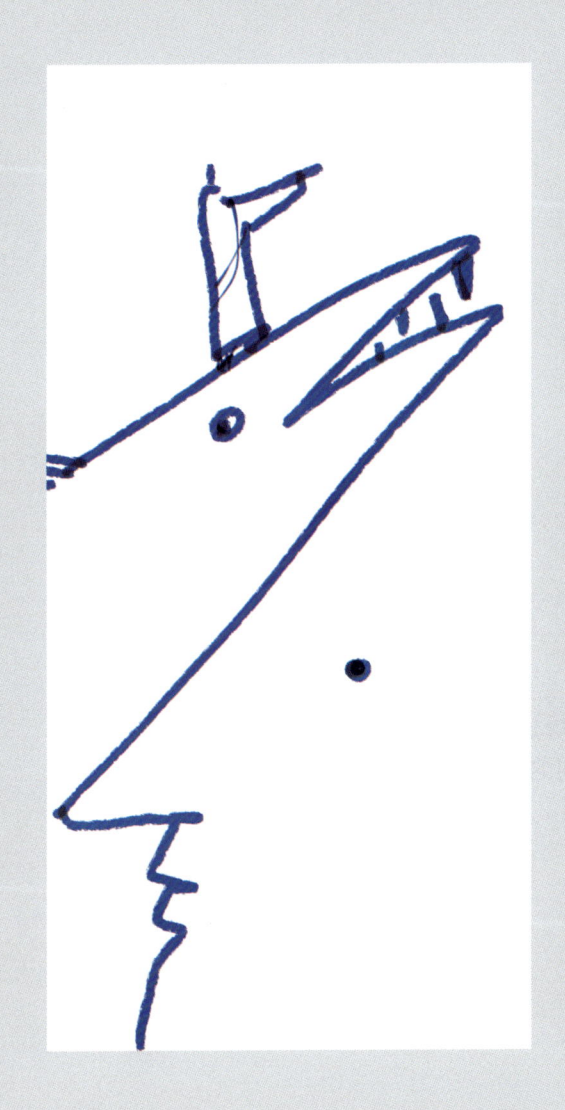

游戏都是这样的
轻易得到的都不值得拥有

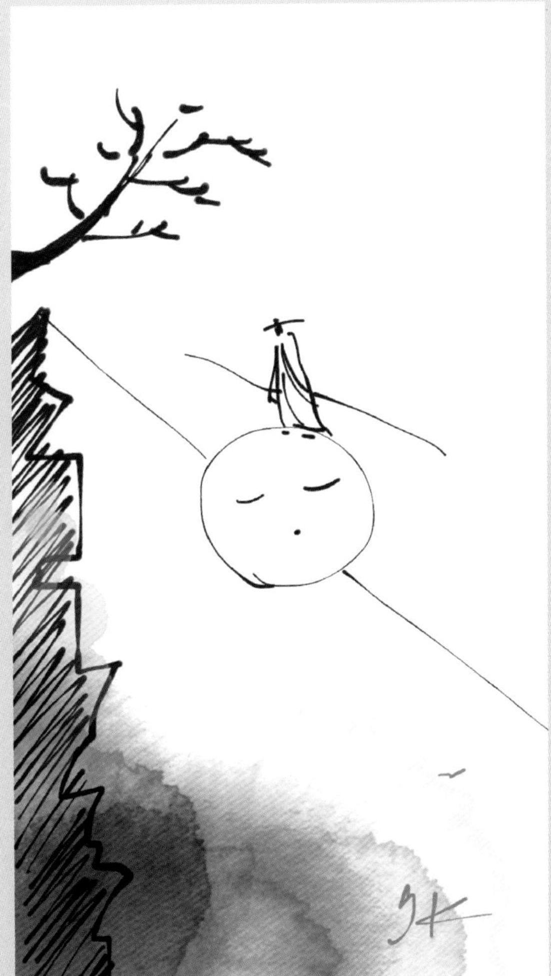

前进、前进、前进……
过去
攀爬到顶
那是唯一的道路
你的视界局限于狭窄的路途

后退、后退、后退……
退到你无足轻重
臣服于一个整体
感受那份完整蓝图
无限扩展
那不是你
又是什么

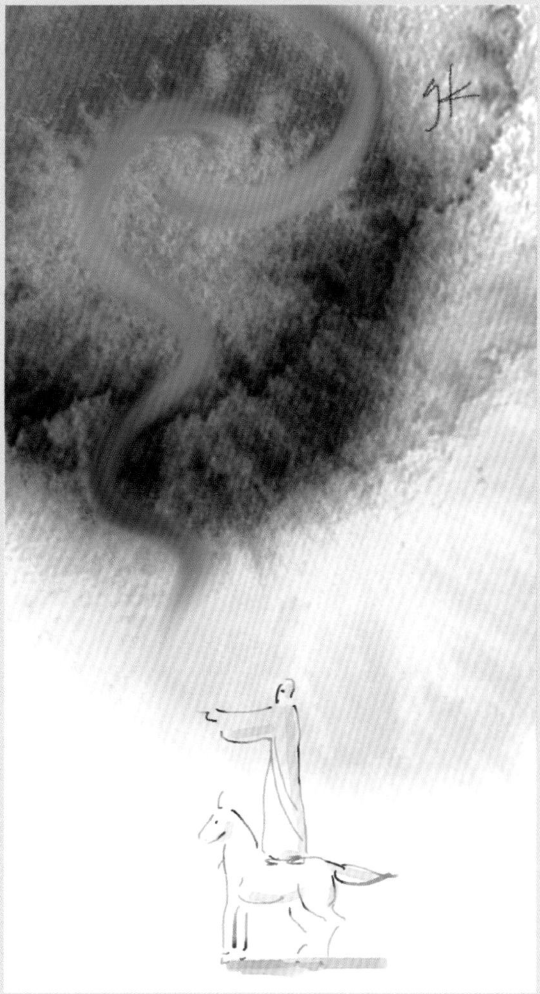

所有的别离都留着痕迹
就像所有的道路
一旦踏足
就留下脚印

当你有了目的
你就分裂成了两个人
目的会一直在前
追赶没有尽头

增加了高度
也就没有了难度

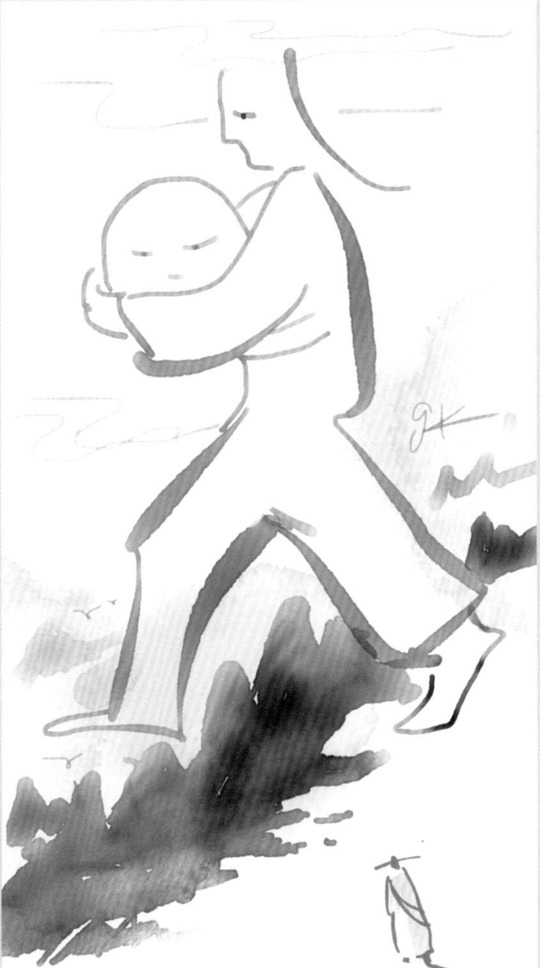

深夜
审视自己
活彻底了吗
你确信白天这样的生活
是你要的生活
夜晚
在梦里你想飞向何方
在没有任何约束和眼光时
你想成为什么
每一秒真实地活着
才是活着

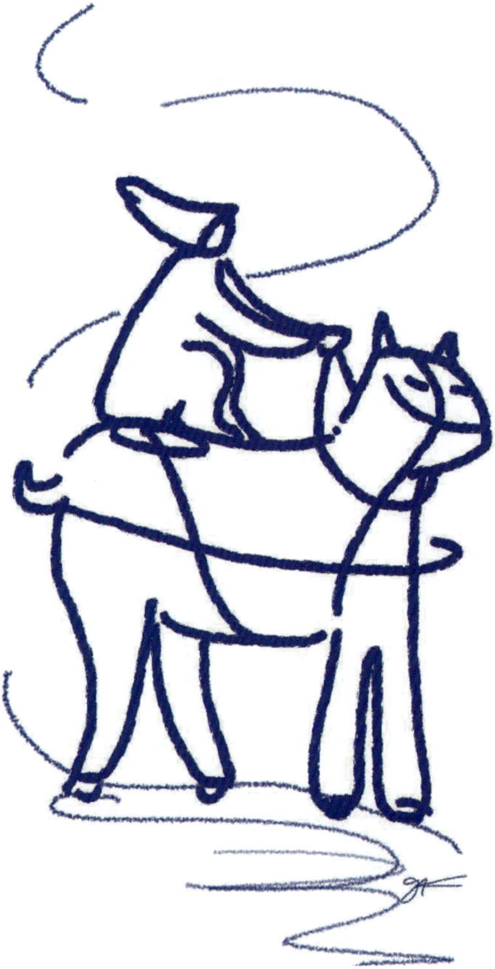

看到的越多
看见的就越少

看到是一种被侵入
看见是对自己的开放
看见才能看到

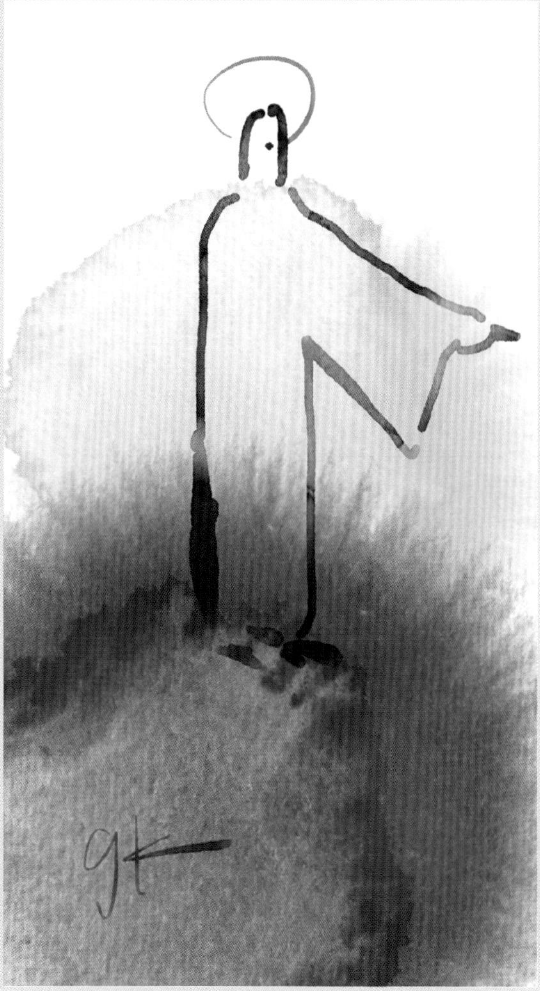

越单独越丰富
它绽放出灿烂的礼花
完整、完善、完成
超越、必然、生机勃勃、独一无二
正义、秩序、丰富
简单、自足、不费力
真、美、爱……

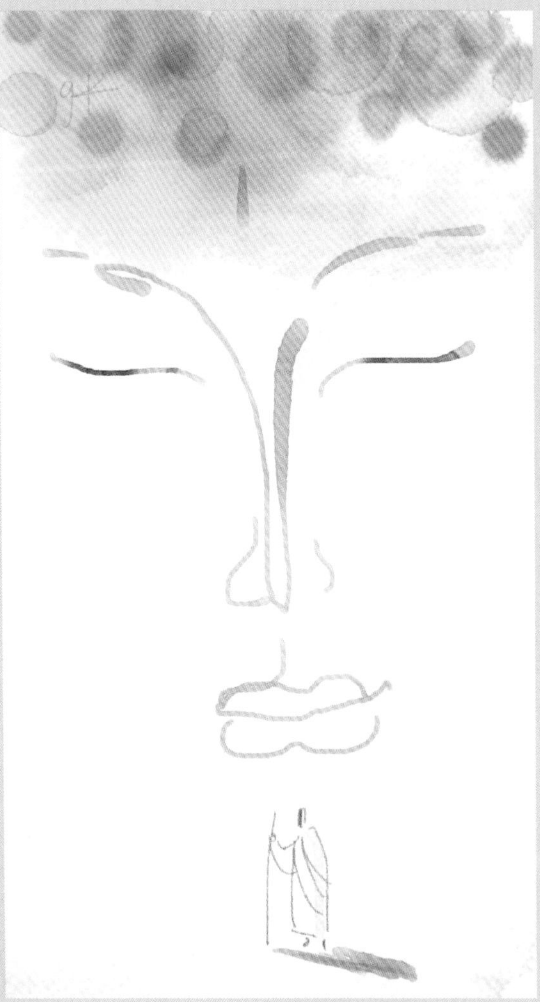

作为时间的泳者
你无法打败一条河流
是努力弄潮
还是随波逐流
都无法阻挡河水在流变中消失
与其关注河流
不如关注风景
既然河流无法改变
那就改变我们观看风景的视角和心情

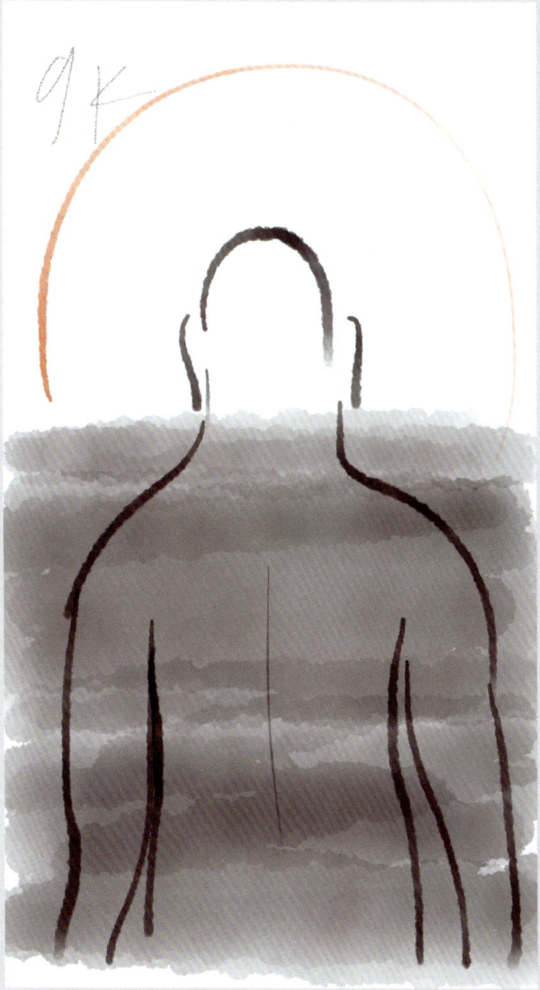

世间本无方向
除非你已在彼岸

生存之地你要看明了
创造之境你要爱混沌

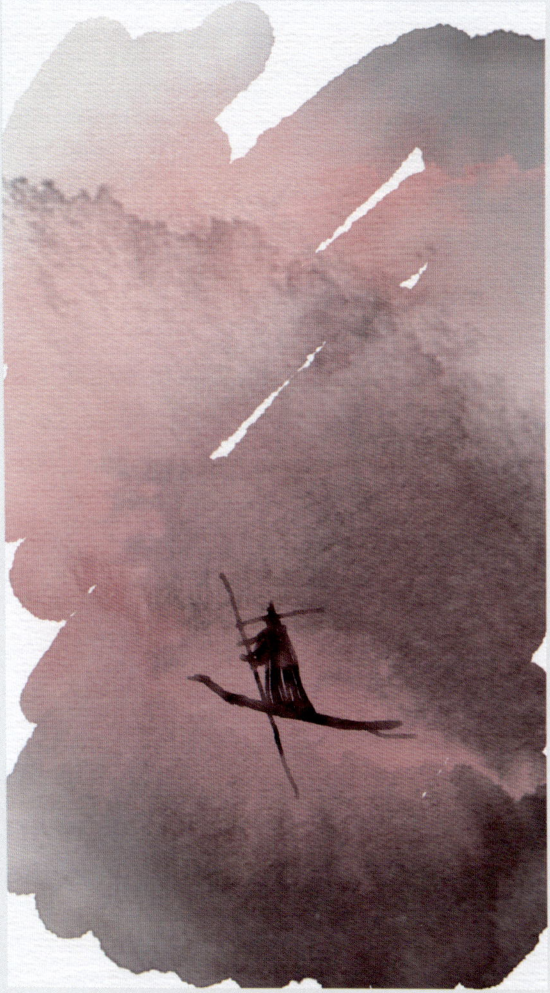

听心

追 随 内 心 找 到 你

蜕变

好奇·创造·新生

我步入丛林
因为我希望活得有意义
我希望活得深刻
吸取生命中所有的精华
把非生命的一切都击溃
以免当我生命终结
发现自己从没有活过

——《死亡诗社》

好奇·创造·新生

托得起
放得下

给人以托
祝人以梦

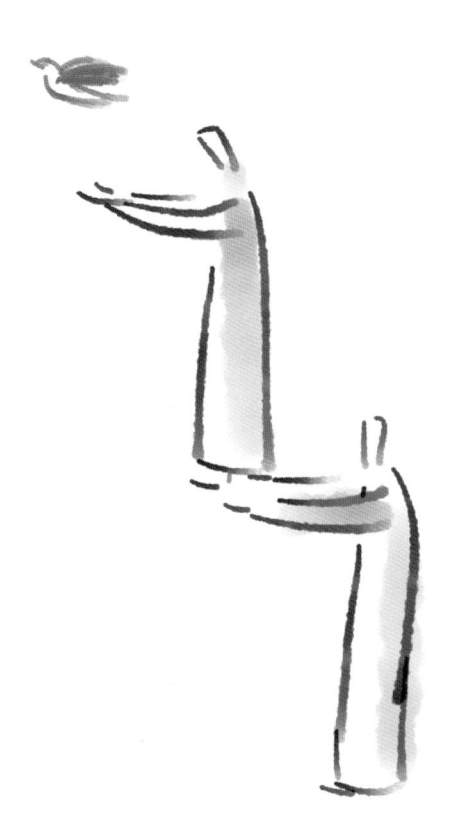

不用力
最有力

121

知道三问:
1. 知道自己是谁
2. 知道自己不知道
3. 知进退

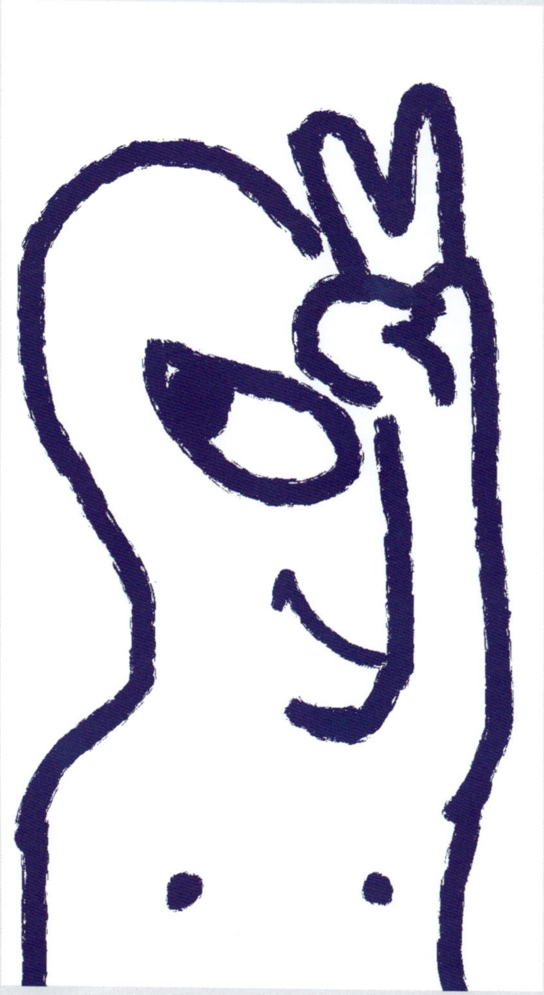

给鄙视的点个赞
把它摁到地底

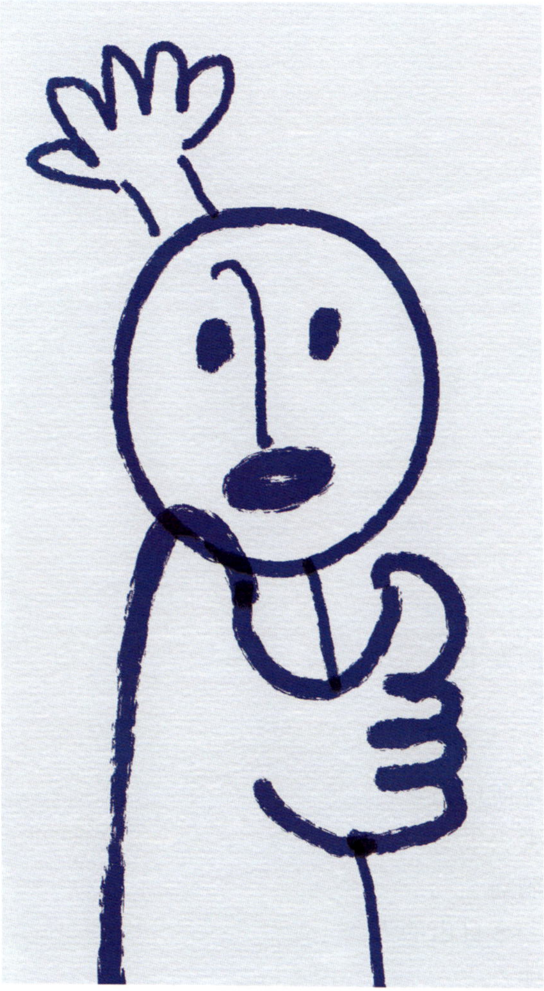

好奇所有的发生

不断得到
就很容易理所应当
一毫克的失去
人都会被刺痛
更何况是一个自由的人
终将离开你

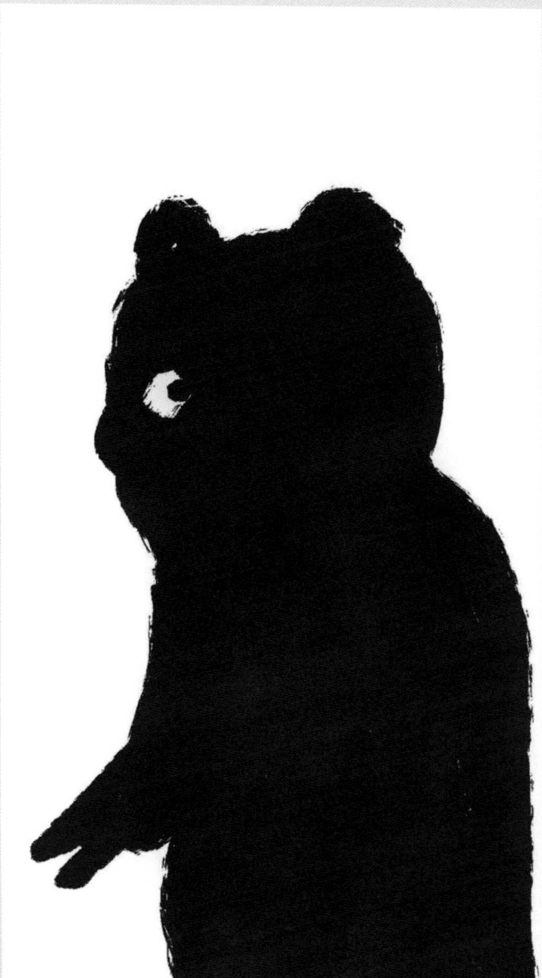

我们是基因的奴隶
我们是枪
基因负责开枪
只要你还想活着
就不可能有
自由意志

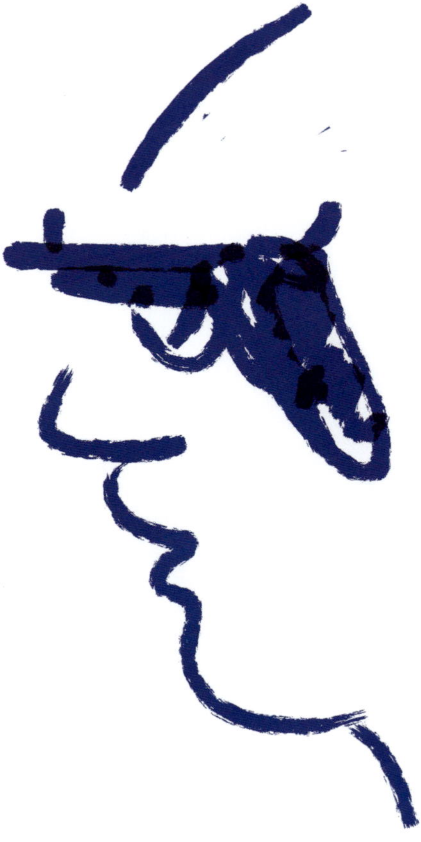

快乐的人不是不受伤害
而是恢复比较快

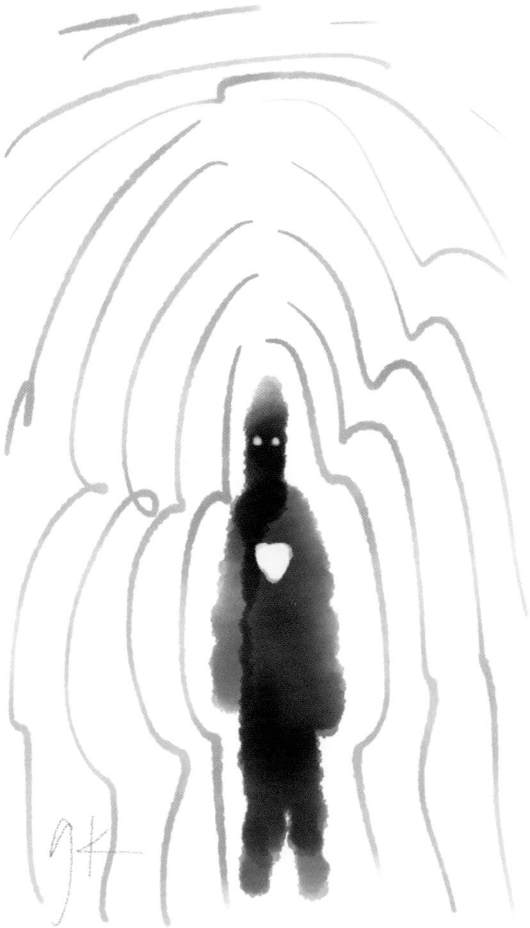

与其更换成他人
不如更新好自己
做自己擅长并胜任的事
是幸福之源

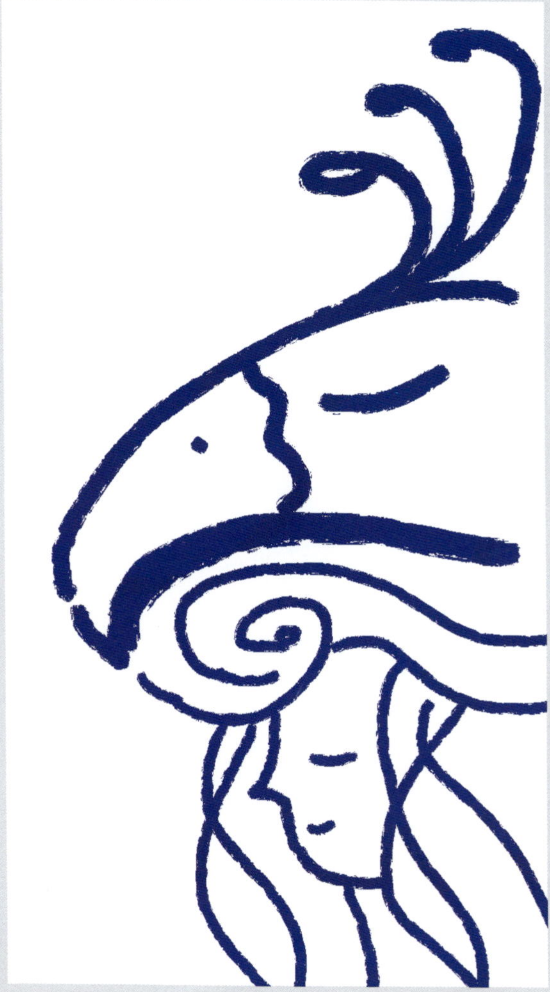

幸福是
发现自己
终其一生完成它

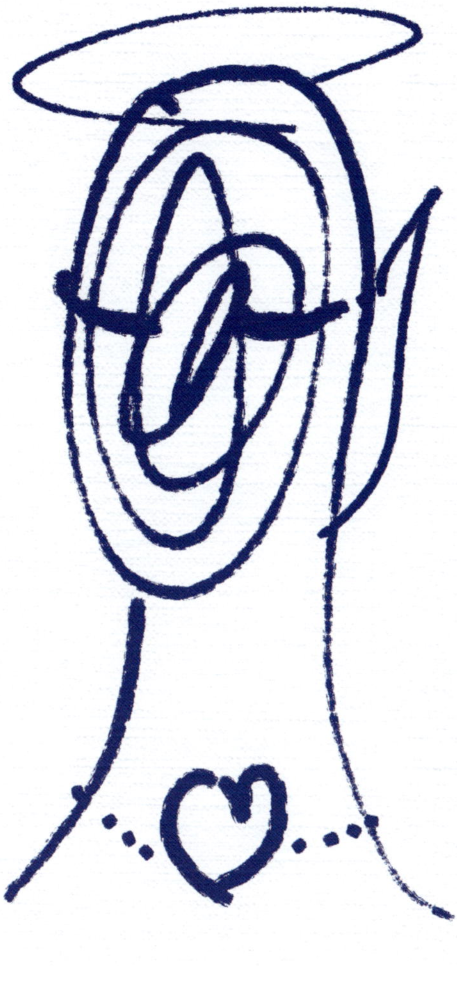

何必惊慌
耕耘已矣
来日方长

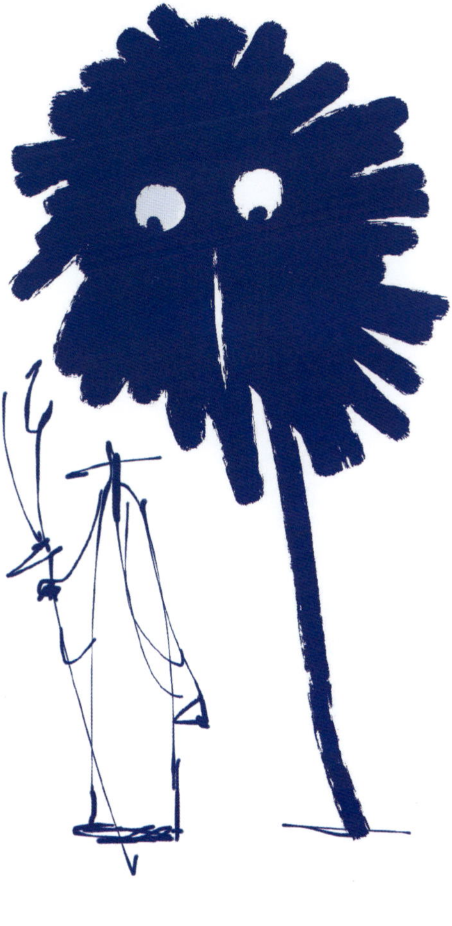

无论是精神还是物质
任何轻而易举的获得都是毒药
它会让你活得索然无味

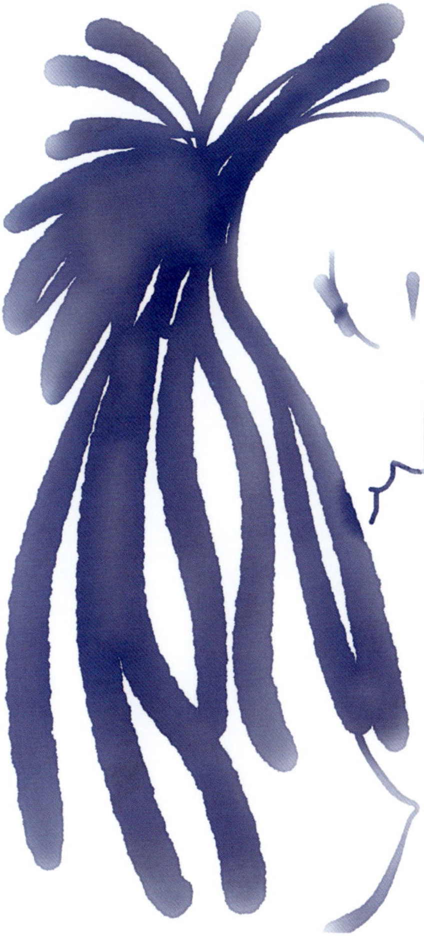

把钱平分给穷人
我们都会成为穷人
把能力和愿力分给众人
我们都会富有

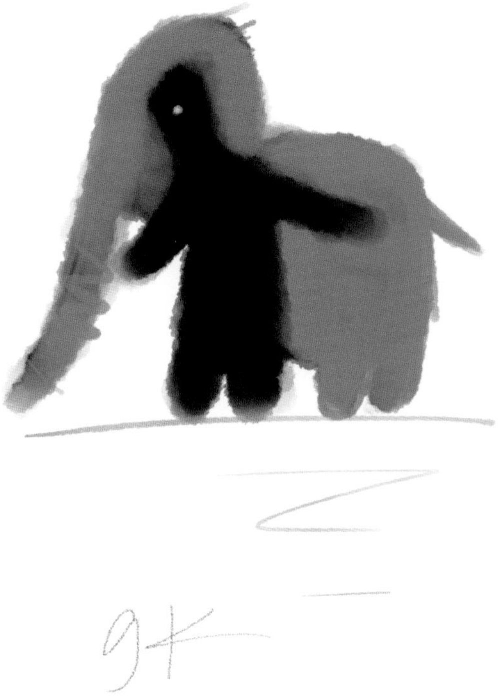

当初
攀爬是为了自由
如今
你发现
每一阶的攀爬
都是更高的局限
有的
只是重复你的局限

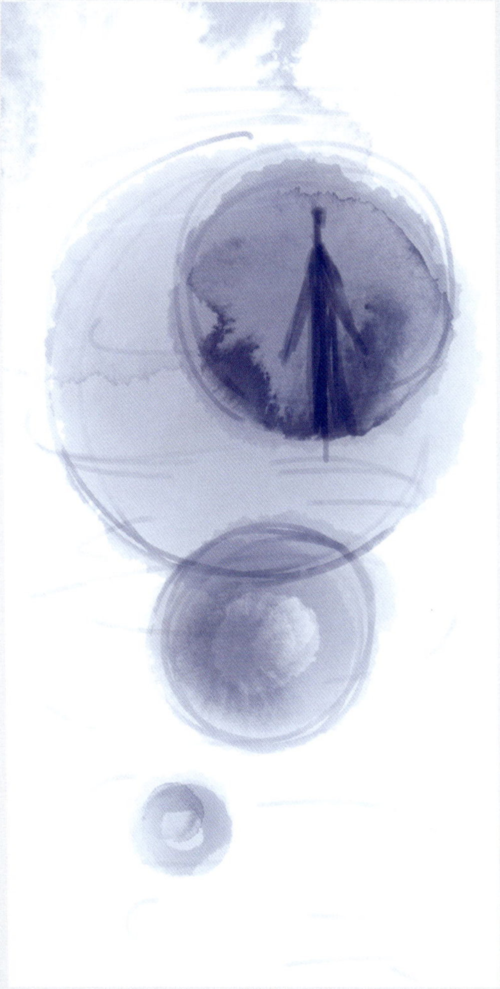

放松
等一件事好玩起来
就会获得所有的技巧
无须努力
等着发生

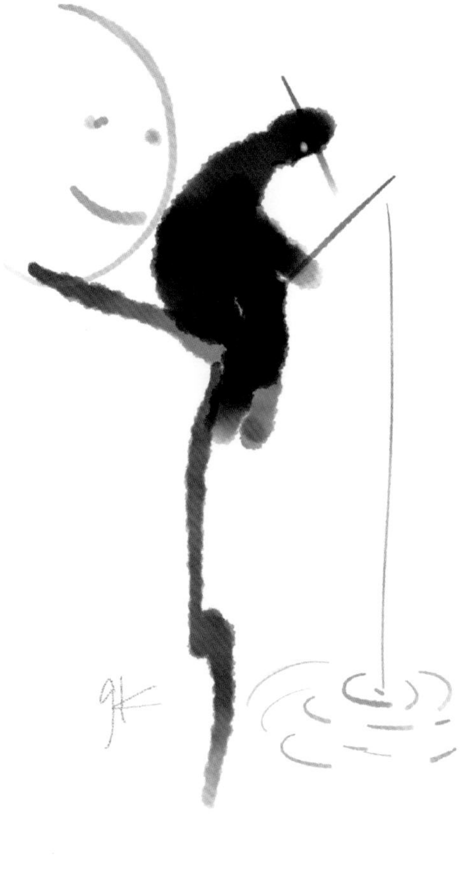

韵律无法被理智倾听
情不自禁的喜悦无法被计算
它不计得失
只是去完成

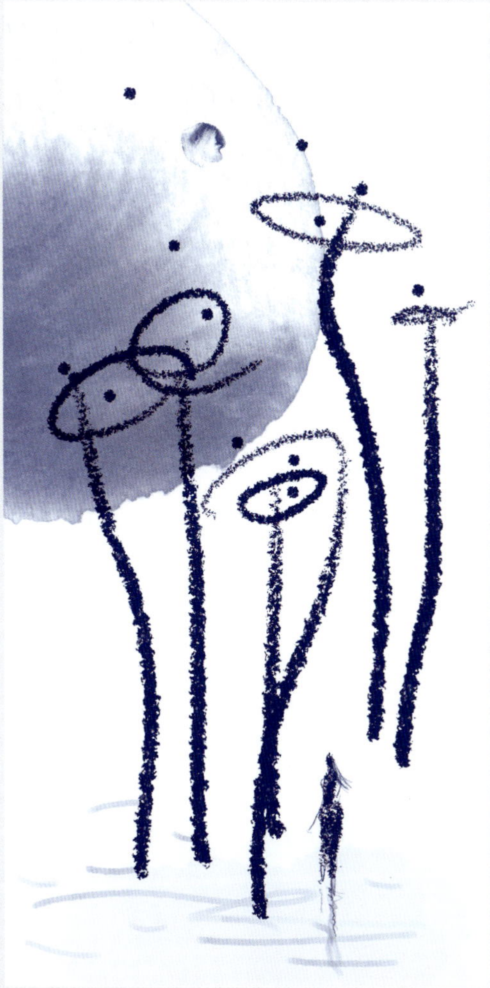

有趣的灵魂
无非就是多了一些观看的角度

人群中看了你一眼
接下来该如何演

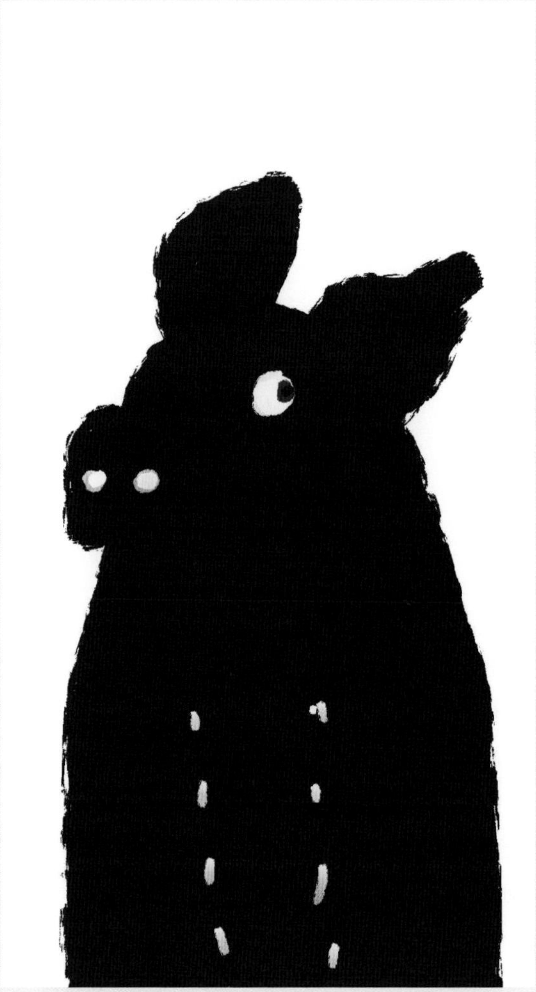

在没有天梯的天空
灵魂只能独行
唯有不停地扇动想象之翼
才能翱翔
如果你总是充满惊讶
你就是年轻的

听心

追随内心找到你

好奇 · 创造 · 新生

头脑看起来是个容器
我们总想填满它
你挤压,它反弹
你放开,它自由
你锤炼,它燃烧
你加入,它飞翔

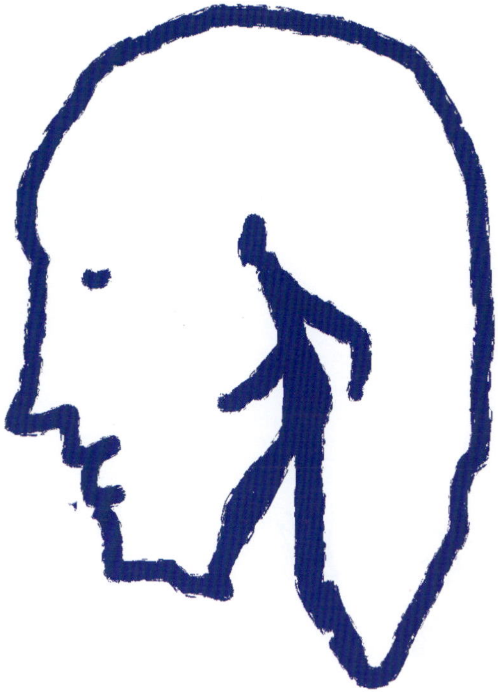

一生只有一条路
自我之路

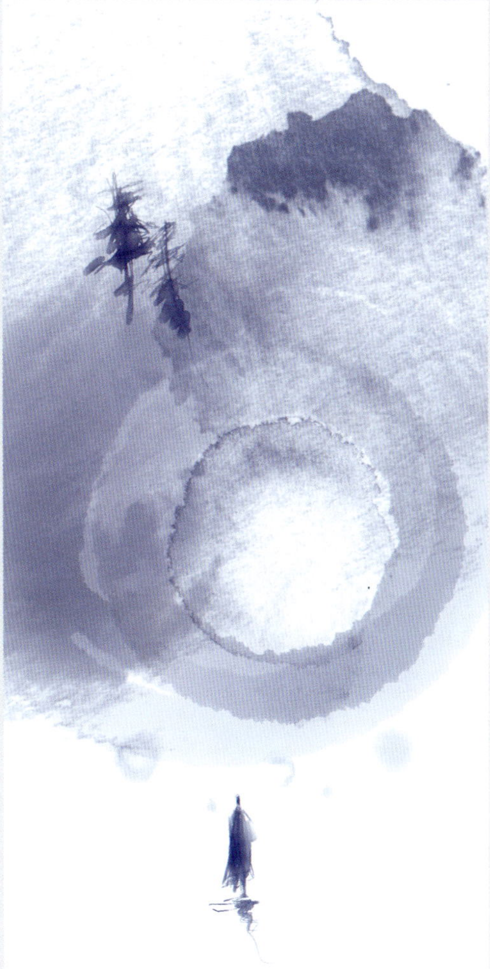

是什么成了瓶颈
每次的成长都似乎避免不了痛苦
大多数人还没搞清自己
就冲出去和整个世界较劲
以证明自己的成功

人是唯一的
而世界是多维的
或许成功只是接受了自己
如果能和自己在一起
不伤害别人
不被别人伤害
干什么都可以吧

带着一世的分裂和愤怒
悟
空

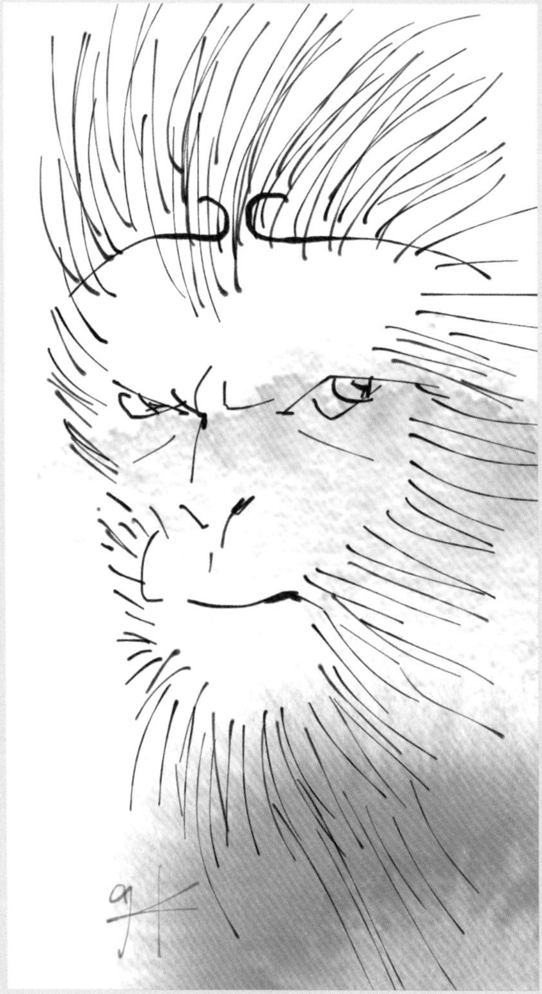

身份越多
自己越少

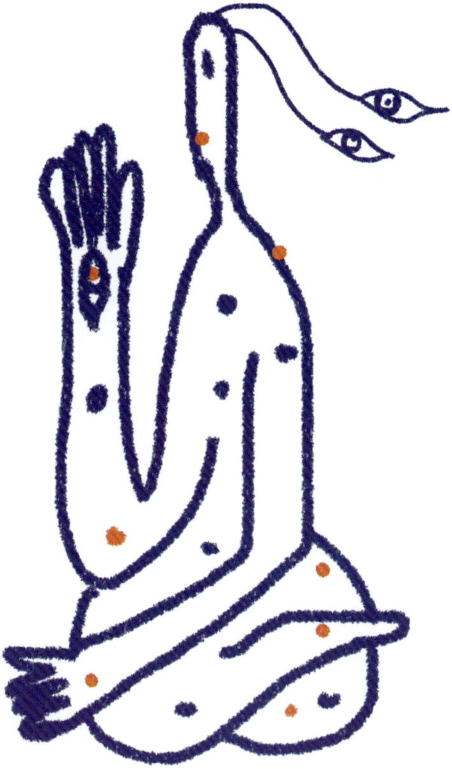

今日所现光华
是昨日意志
锲而不舍穿透迷雾的回望

不管你乐不乐意
你是要被抛弃的
区别只在于
是主动放下
还是被遗弃
很难说坚持就会胜利
还是坚持下一次才会胜利
也可能没有胜利这个东西
点亮的火焰终将熄灭
只是看到
就已满足

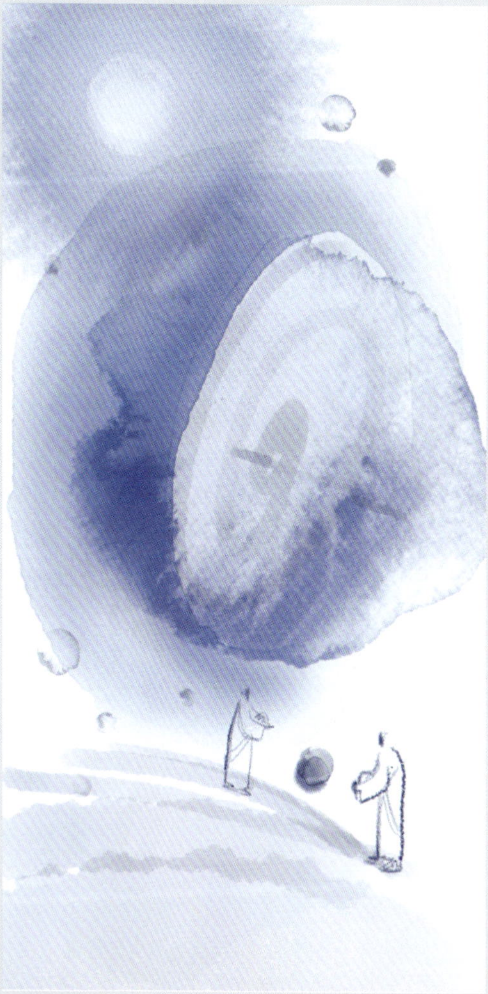

哪有什么孤岛
在深处
世界彼此相连

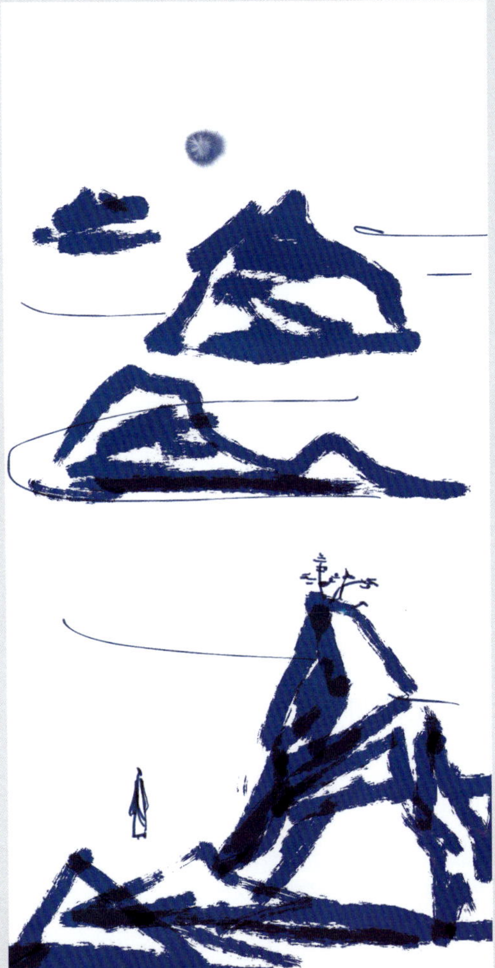

如果你不满足
那力量的喷薄就是深渊

创造并不优越
不需要比较
也不需要必然的结果
创造本身就是完成

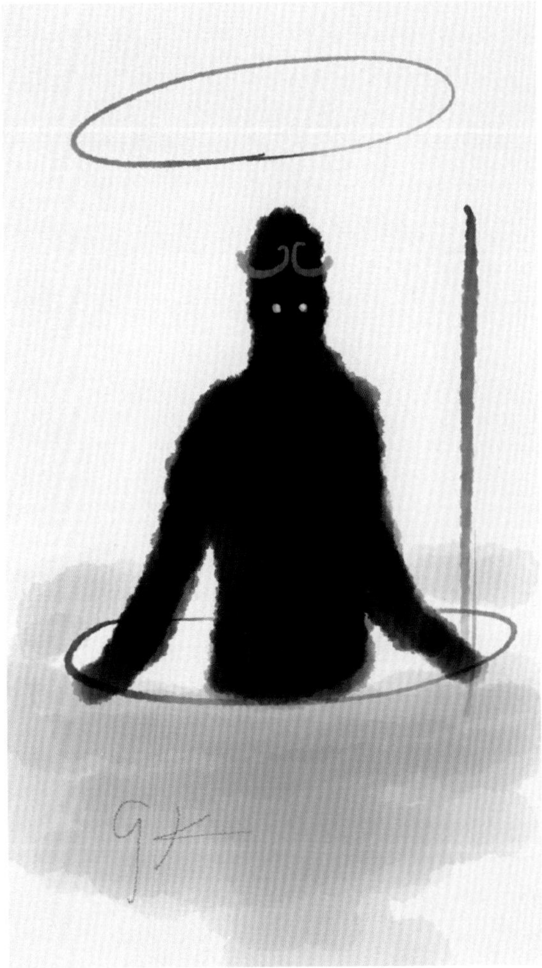

既然无法决定世界会给什么
那就想我要什么

爱是在坚硬的碰撞后
停留在最柔软的地方

庞大 瞧不起微小
光鲜 忽略朴素
速度 轻视静止
脱下庞大、光鲜、速度的皮囊
塞满气喘吁吁的焦虑
此刻
需要的是躲起来
静静地等尘埃落定

179

生长不是获取
问题不是做什么
得到什么
而是去除什么
等待什么

去经历
去尽兴
去接纳所有发生

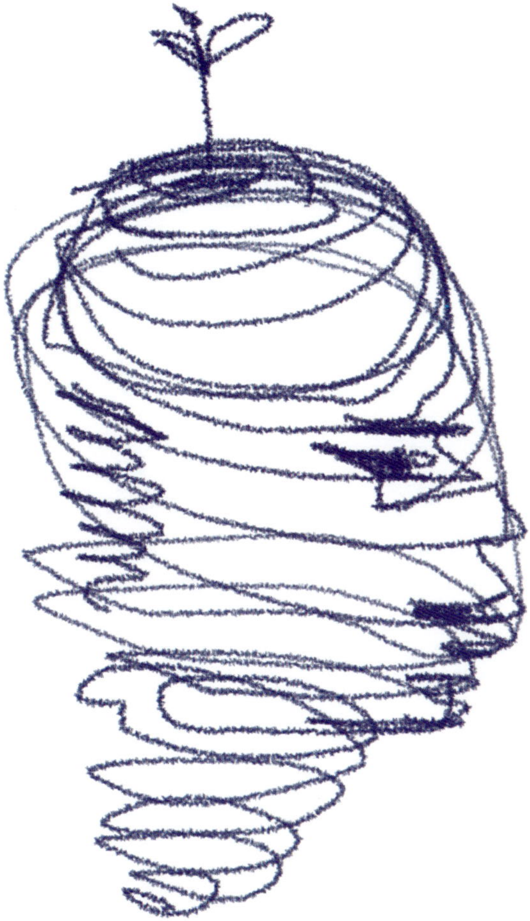

我不会责怪痛苦
那是我出生的地方

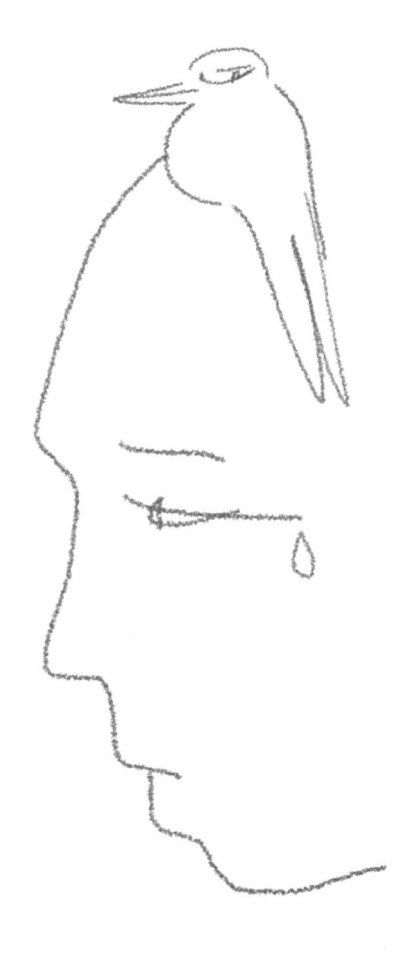

事物本无真相
我们看一件事物
不是先看见
再知道
而是先知道再去看见
是解渴的水
还是阻挡的河
取决于你想知道什么

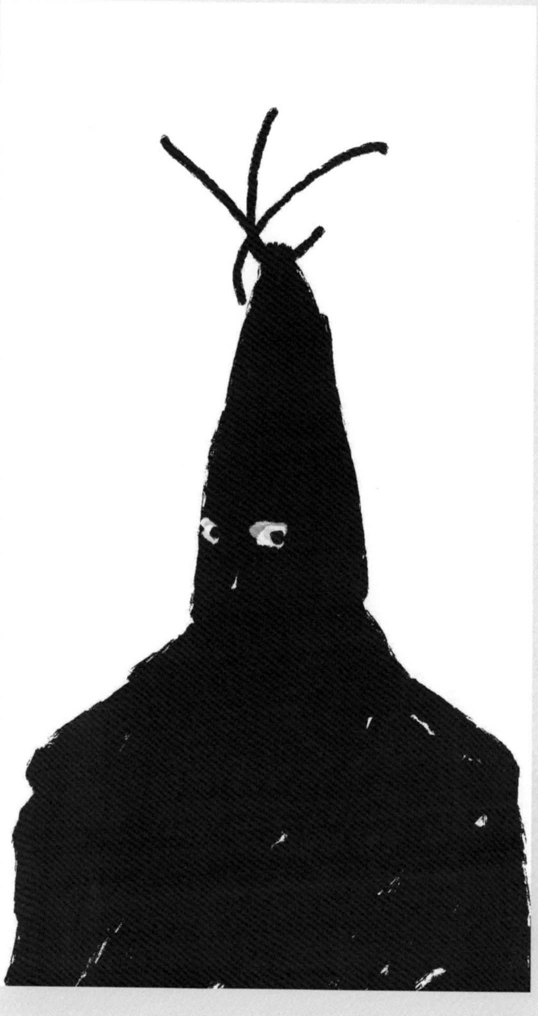

创造者的目标不是成为第一
而是竭尽所能选择自己的方式去活

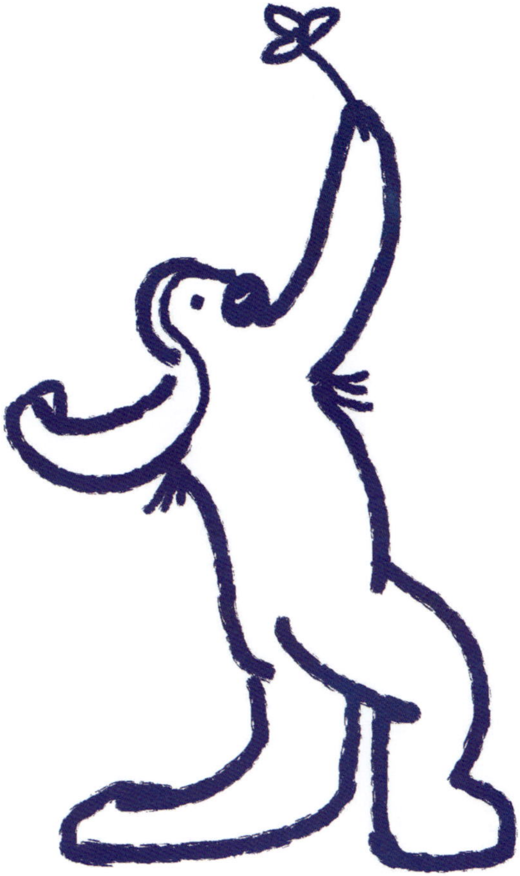

甜是衰败的开始
快感很容易上瘾
不断增加剂量
才能到达当初的巅峰
相反
坚韧的痛是好的开始
持续剂量杀不死你的痛
会让你抵达巅峰

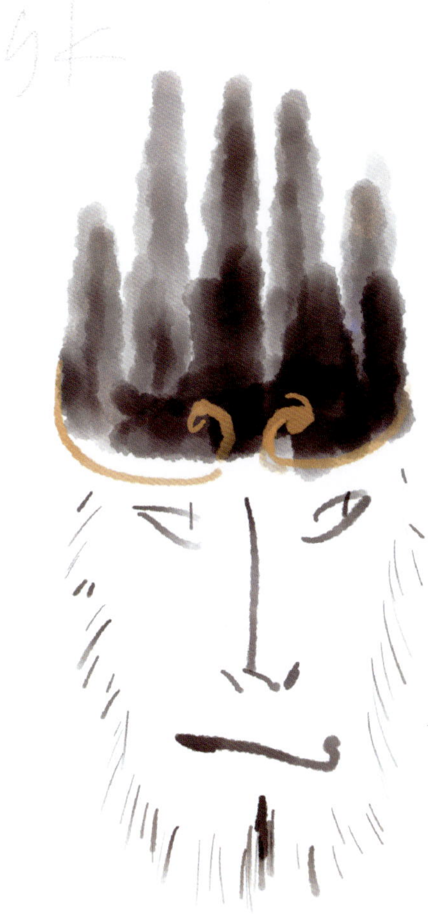

我们把潜藏称为平凡
我们把跃起称为非凡
我们把翻腾的海浪看作非凡
而把沉静的深海看作平凡
然而
灿烂背后的静穆才是永恒的

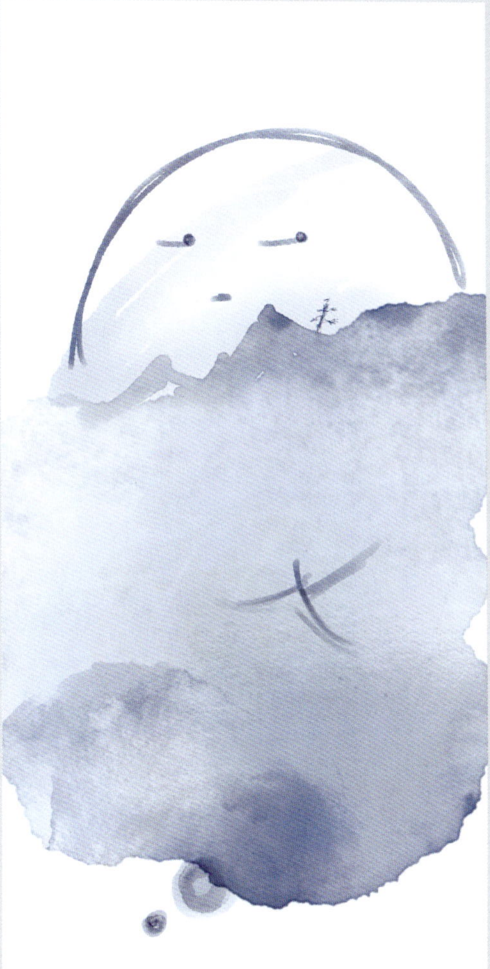

曾经
是一个童话
我相信了好多年
童话被戳破的那一天
他们说我成熟了
可我怀念孩子的童话
在那里
疑问很多
问题很少

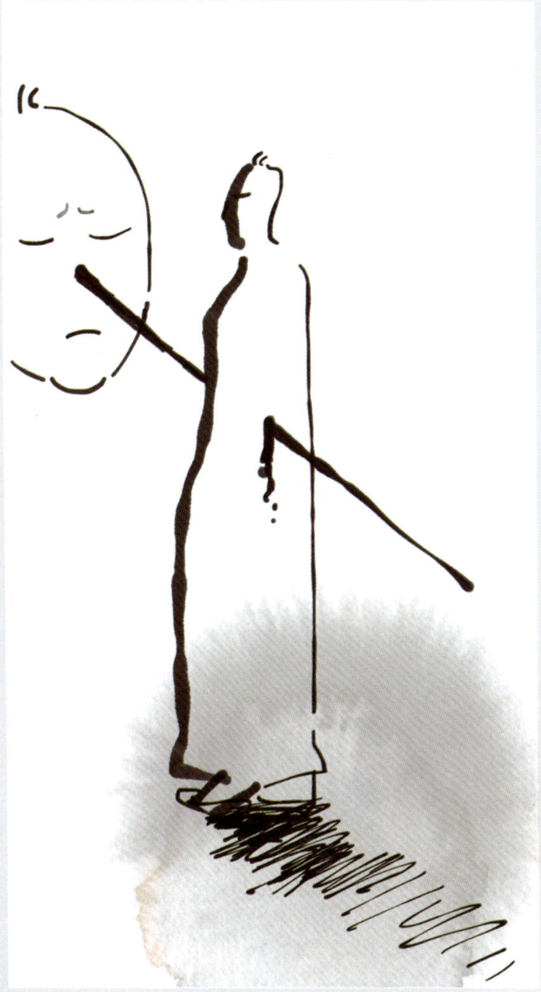

听心

追随内心找到你

好奇·创造·新生

强者明知生来一死
还爱活一生

放弃的代价不是失败
而是没留痕迹
有勇气的失败是一道伤疤
而放弃是消失

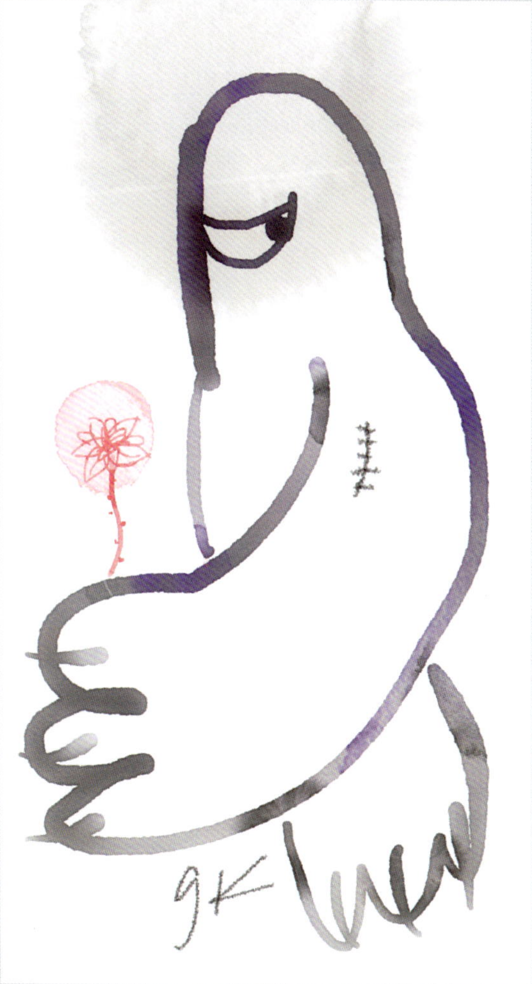

不羁的灵魂是非道德的
真正的幸福
是遇到一个自己信服的人
幸福并不需要约定
幸福来自相信和臣服

都练成了搞笑高手
为什么还是不开心

画者
也是对话者
把自己交付出来
等待应答

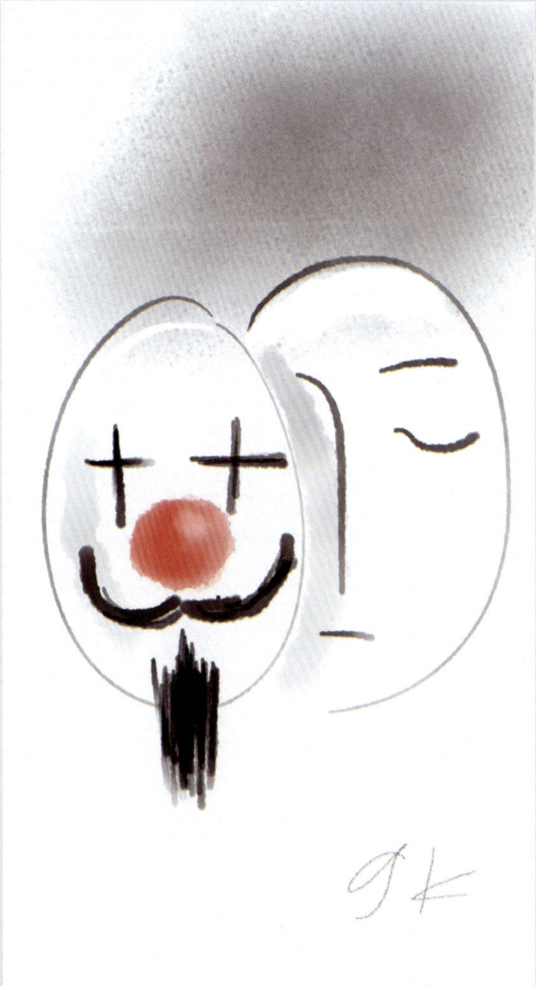

晚安
小丸子
晚安
爸爸

光明来自黑暗
黑与白有着无限的空间
他们如此暧昧
有着丰富的颗粒
美妙的层次
以及捉摸不定的流动

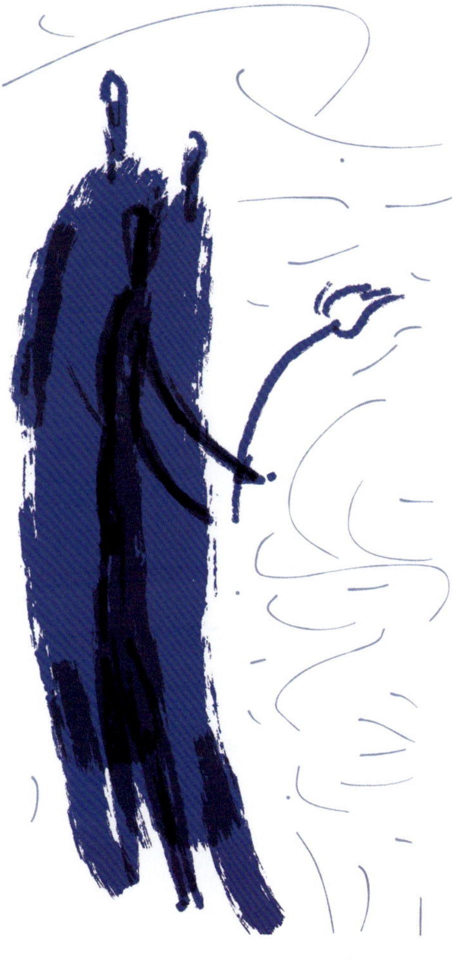

不要期待下一个人会更好

除非你已经很好

一堆原子聚会
有了此生的意义
聚会结束
我们重组
演绎新乐章

美学说：在困顿中浪漫，在缺憾中赞美
物理学说：生命以负熵为生
生物学说：性
哲学说：存在
圣人说：空

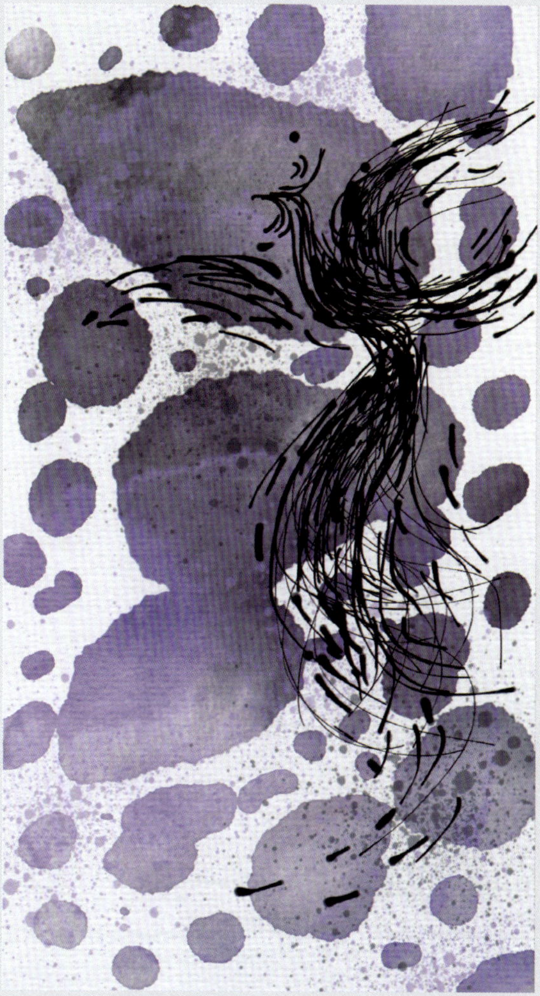

我们渴望独立
而为了爱的合一
首先要放弃的就是独立

诗人说：
我们都是只有一只翅膀的天使
唯有彼此相拥才能飞翔

爱刚开始的时候
都"是"
爱家人、爱人、孩子
你爱他的所有
不会有任何分别
就像中了魔法

随着时间的稀释
我们开始有了判断
也就开始期待一个更好的家人、爱人、孩子
要求越来越多
爱的感受越来越少
甚至因爱而恨
恨爱不能如己所愿

直到有一天
觉醒
哪有什么对错
活着就是庆典
爱是一份允许
只是接纳与和解
此刻，升华

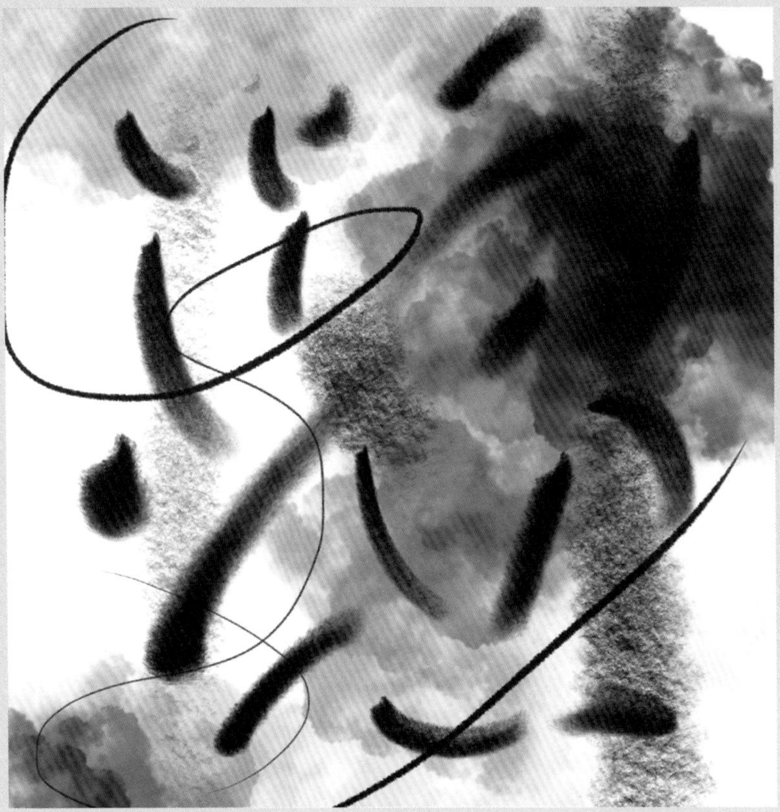

生而破碎
也就有了镶嵌融合

共鸣一个人
合适一件事
都得益于
我们并不完美

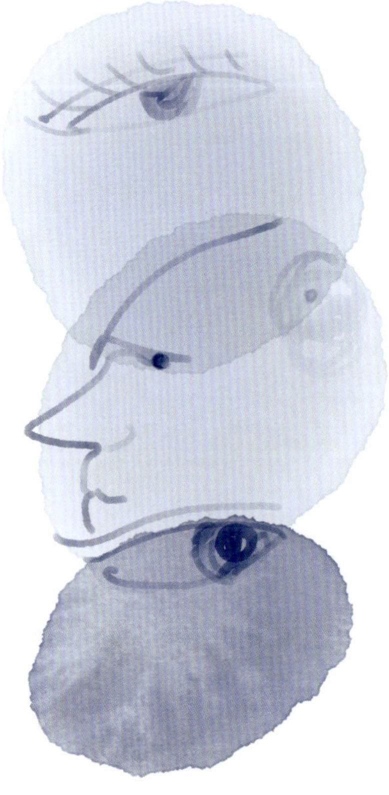

一个人的成长
可以是对自己的扩张
也可以是整体的回归
前者来自繁衍的力量
后者来自与生俱来的
觉性复苏

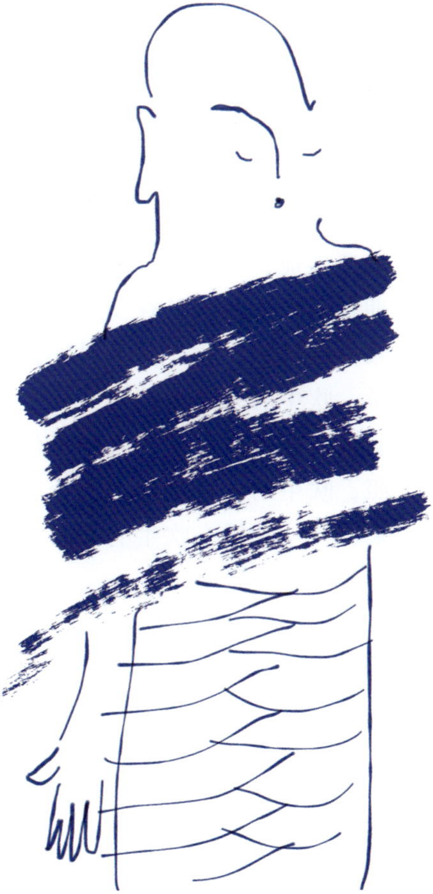

真牛还是吹牛如何分辨？
1. 真牛的人专注一项事业，吹牛的人总在做新事业。
2. 真牛的人多老朋友，吹牛的人总在交新朋友。
3. 真牛的人讲失败，讲常识。吹牛的人讲秘籍，讲奇迹。
4. 真牛的人学哲学，吹牛的人学成功。
5. 真牛的人用事实捍卫观点，吹牛的人善于包装自己的外形。
6. 真牛的人单人照，吹牛的人喜欢和名人合照。
7. 真牛的人看未来，开荒种树；吹牛的人看现实，收割韭菜。
8. 真牛的人爱笑，吹牛的人爱叫。

人走了
什么都带不走
但终将可以留下些什么的
比如我老想着他们的爱

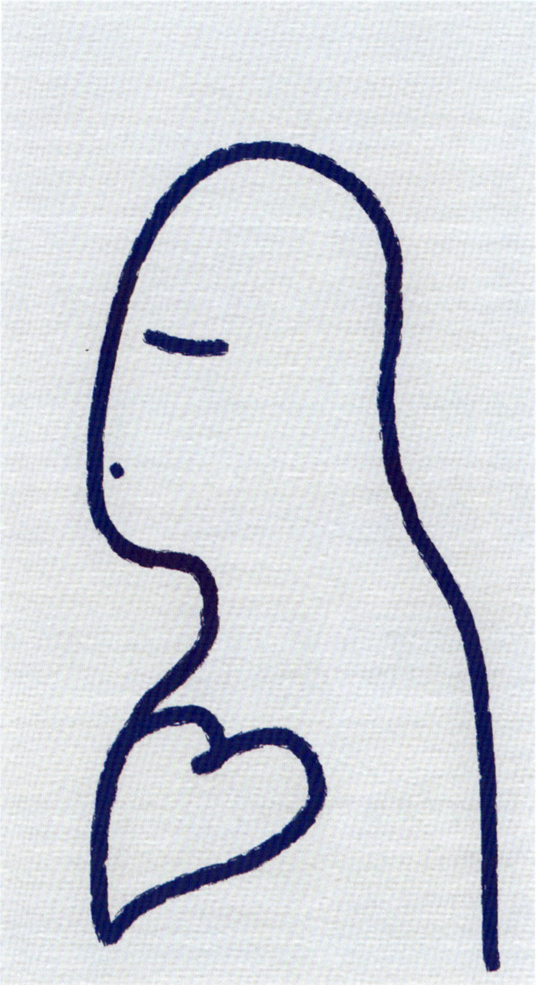

我们传颂英雄
以他们为光
英雄为众人扛苦难
照耀前路
英雄的离别也成了永恒之光

英雄会捆绑盲众
遮蔽无限的光芒
唯一能确定的是我们都会闭眼离开
光只是刹那幻觉
比起服务好他人
料理好自己或许才是最大的功业
只有一种人生值得一过
那就是按自己的意志来活

心灵沟通允许
脆弱的开放
真实
专注
共情
理解
支持
情绪的流动
柔软的接纳

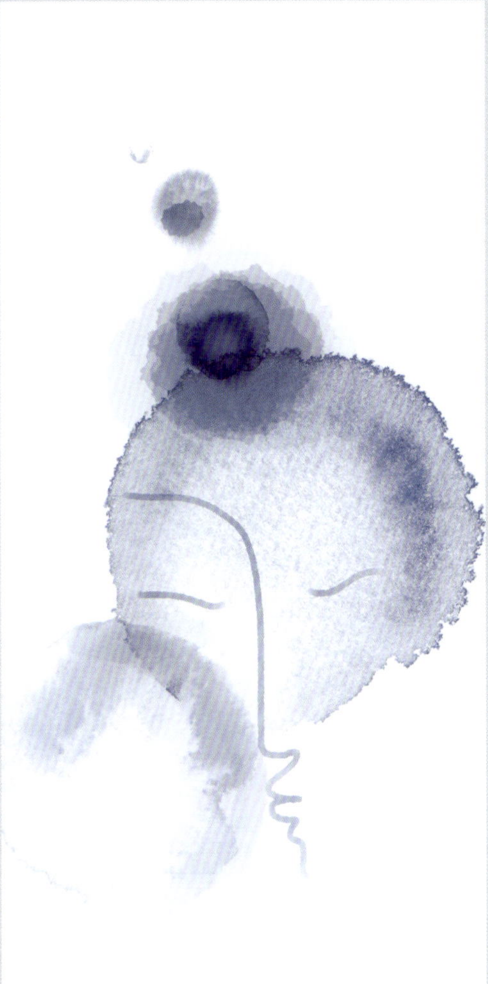

坚壳保护了柔软
等待播种

迷失时
那些柔软的人
是你的福星
柔软让你进入

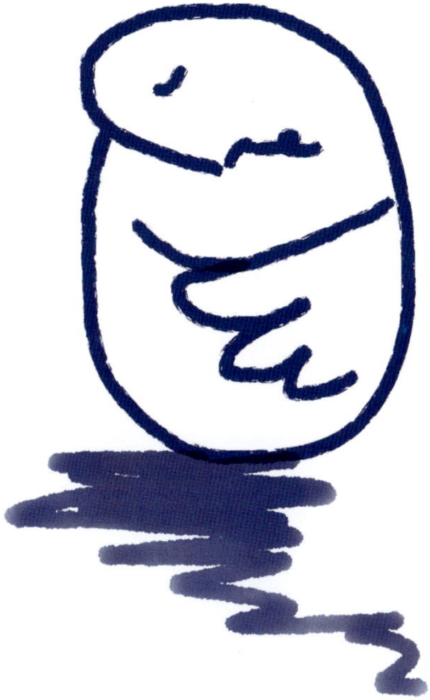

如果你看到了终局

你就不会在乎金钱
因为激情无价
金钱就如空气
没有空气我们不能活
可活着不是为了空气
你也不会在乎时间
你只希望时间永恒
你更不会在乎苦难
你愿意坚守那个故事的结局

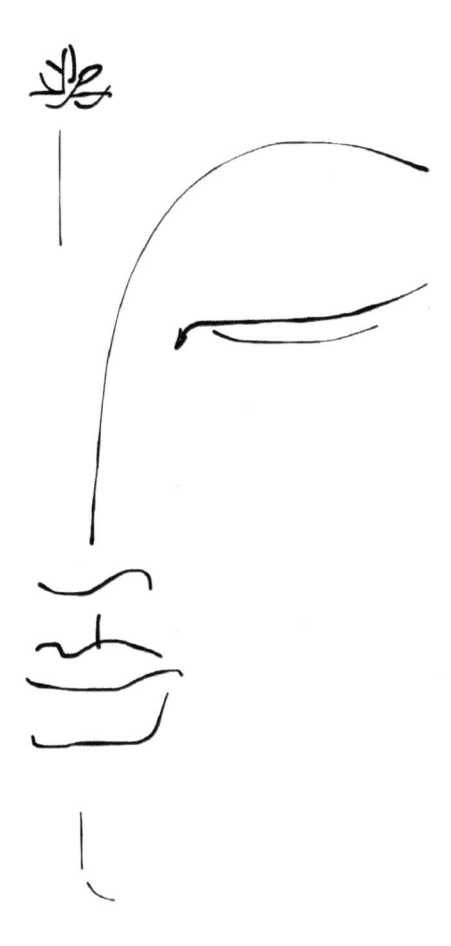

就像鱼
只有当它跃出水面时才能看到水
获得新的视角需要我们从那些曾经占据全部生命的观念中跳脱出来
每一次的转变都出现在我们能够以另一个视角来认识这个世界
通过保持一定的距离来观察自我
就能发现自我是如何利用恐惧、野心和欲望来操纵生命的
在这个过程中
我们将留出空间去倾听他人的智慧
以及自己内心的声音

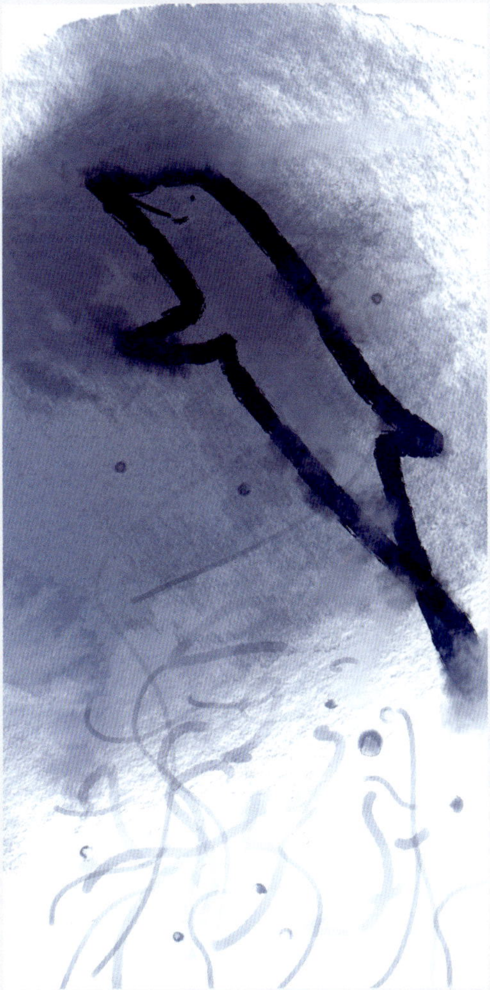

没有了痛
还会快乐吗

有些人总是被卡住
悲剧不断重演
而另一些人喜剧连连
区别在哪
悲剧人物习惯一种方法对付所有问题
用旧经验解决新问题
而喜剧人生
每时每刻都是新生
顺应而为
道不变而应万变

如果进入一件事情把我们变僵硬了
不再喜欢温暖
我们就需要停下来
让自己变得柔软

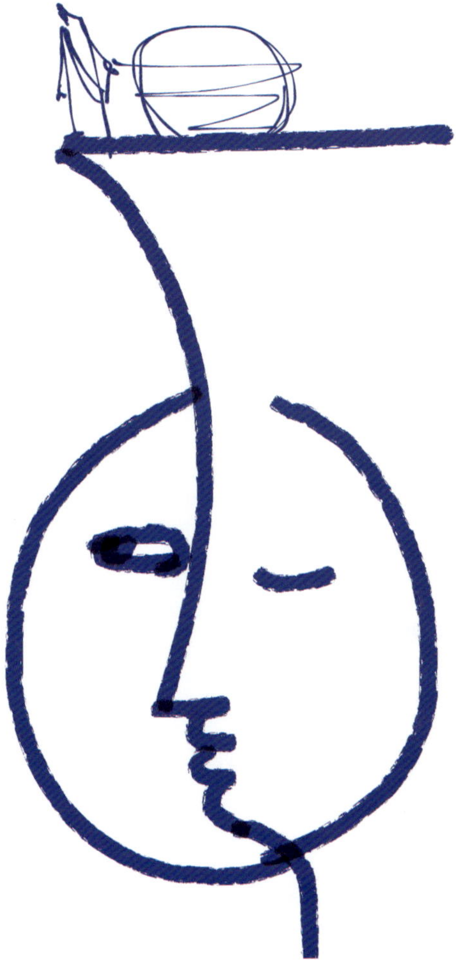

都说投资就需要回报
不管是投钱
还是投心
投钱希望被回报不劳而获的财富
投心希望获得情感相依存

最好的投资回报难道不是
你需要我，我很满足吗

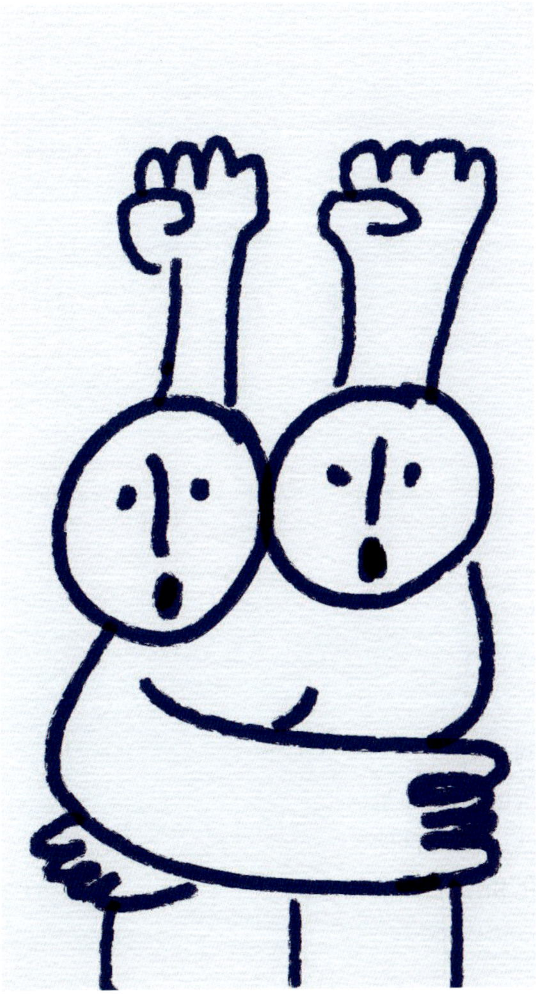

如何获得身心合一

1. 不带评判地观察。
2. 描绘期待的心灵图景。
3. 交给自己，顺其自然。
4. 观察变化和结果，信任自然发生。

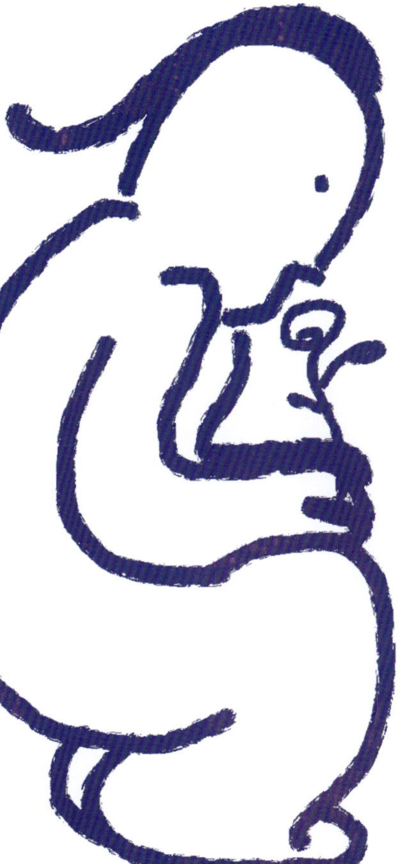

美好生活是一本无字秘籍
如果你不懂它的安静和留白
你就无法融入它的画境

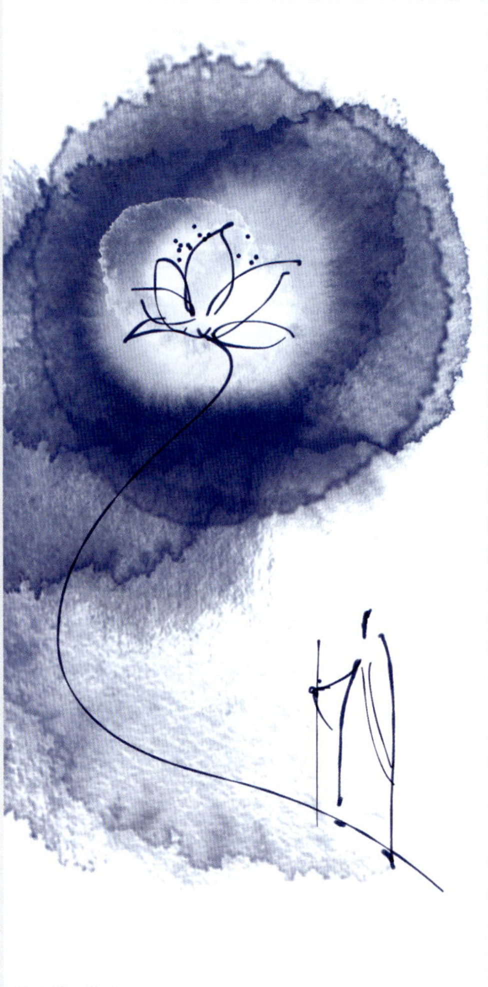

听

追 随 内 心 找 到 你

心

归来

完形·自在·归一

我听便灵魂与肉体的安排
去经历罪孽
追逐肉欲和财富
去贪慕虚荣
以陷入最羞耻的绝望
以学会放弃挣扎
学会热爱世界
我不再将这个世界
与我所期待的塑造的
圆满的世界比照
而是接受这个世界
爱它，属于它

——黑塞《流浪者之歌》

完形·自在·归一

敞开了
投身其中
就不再需要嘉奖
飞
本身就是礼物

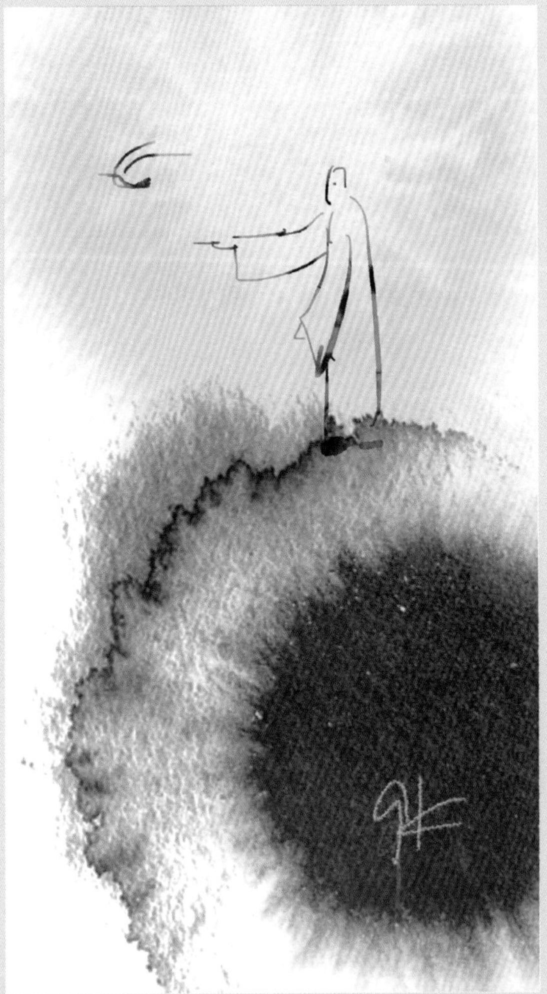

美
如此幸运
每一刻
都在闪烁
很高兴
你在

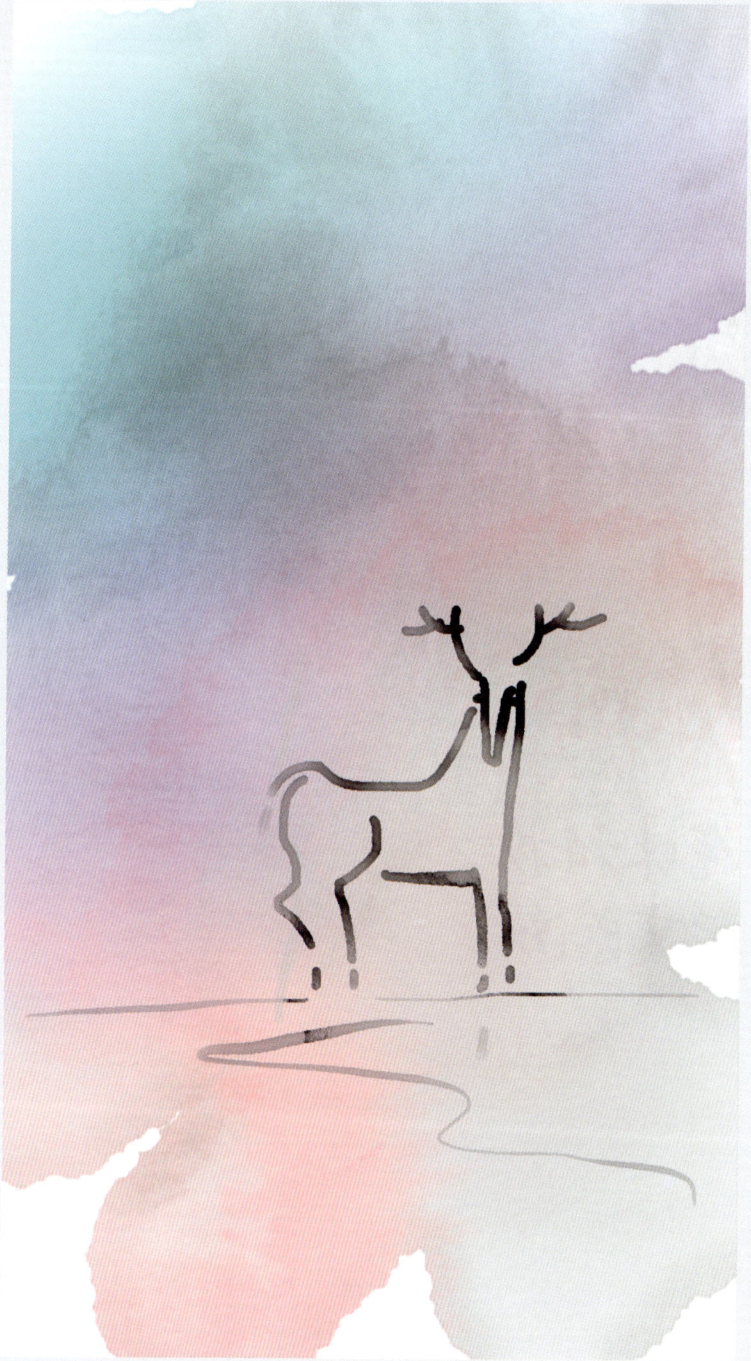

气味相投
无言感激

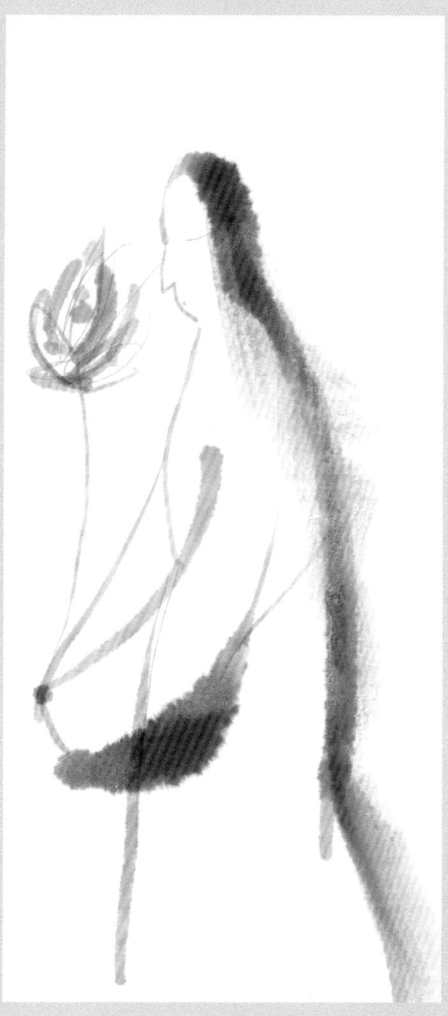

不再要求
而是属于

一起去聆听
她想要通过我们创造怎样的生命
她也正在等待着被我们承认

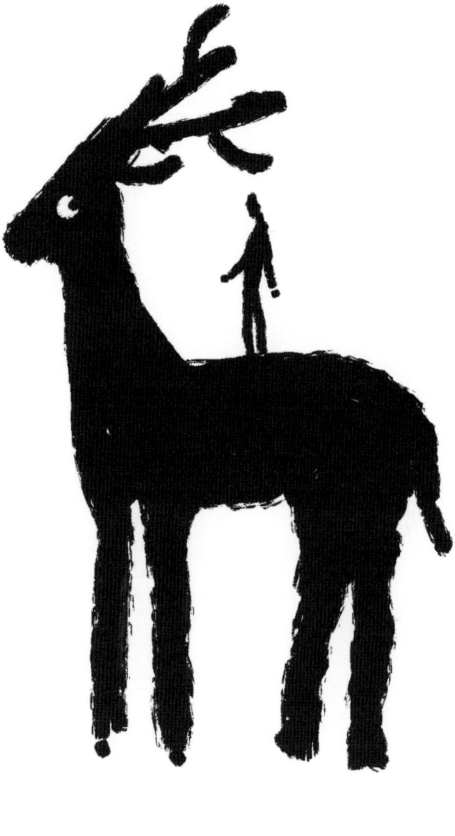

快乐不是解药
离别才是

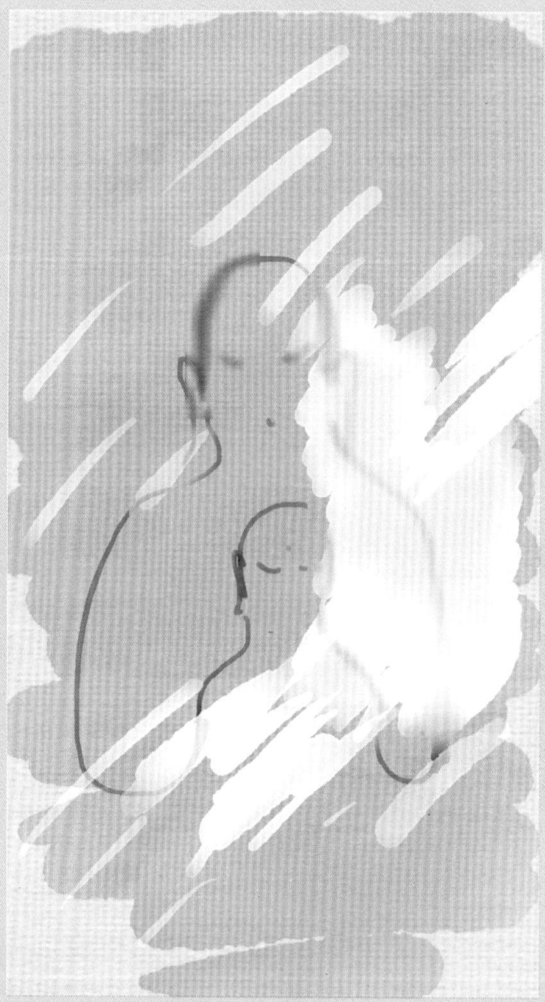

和自己独处
看着自己变成陌生人
重获新鲜

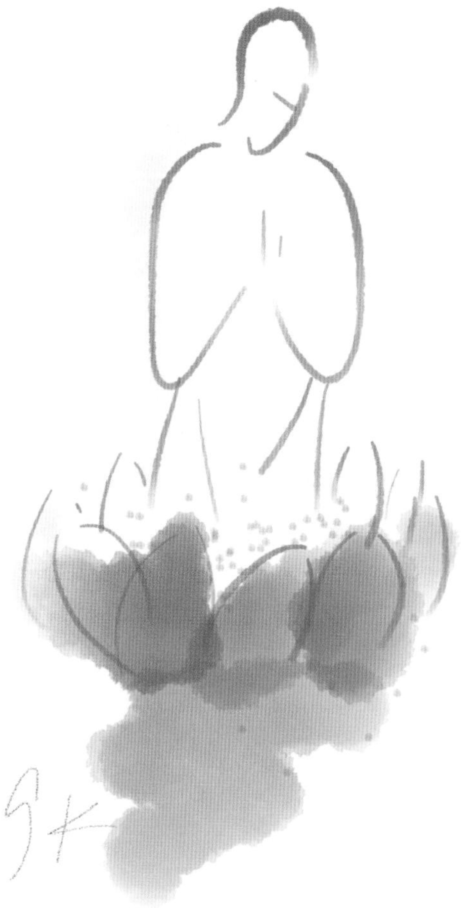

把命运交给暗是大方的
就像遇到一个人，一件事
心生爱与执着
哪有什么理由

光明背后是无限的暗黑
获得背后是执着
爱得深
离别苦

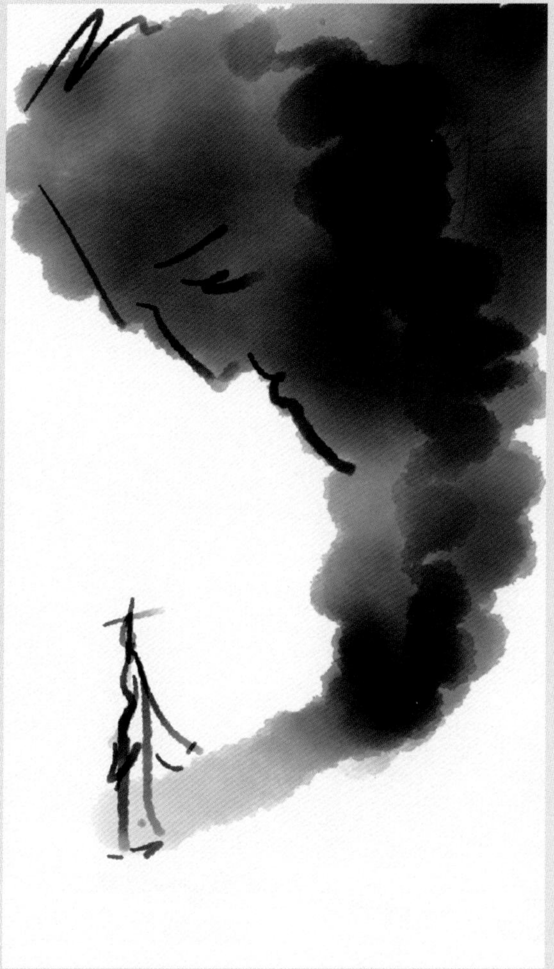

原本具足
只待遇见

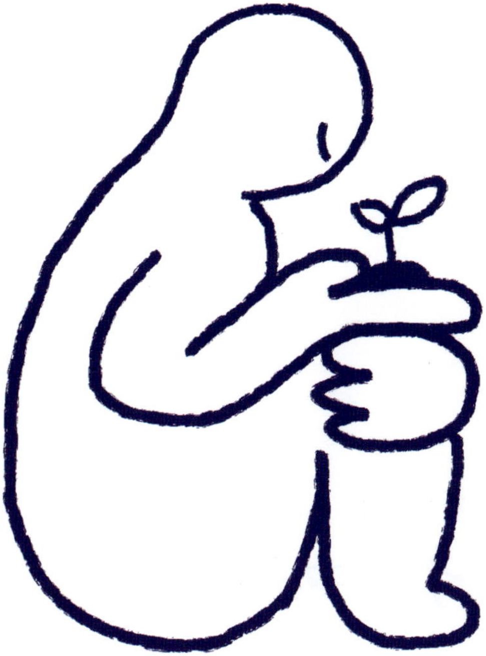

只把时间
留给在乎你的人

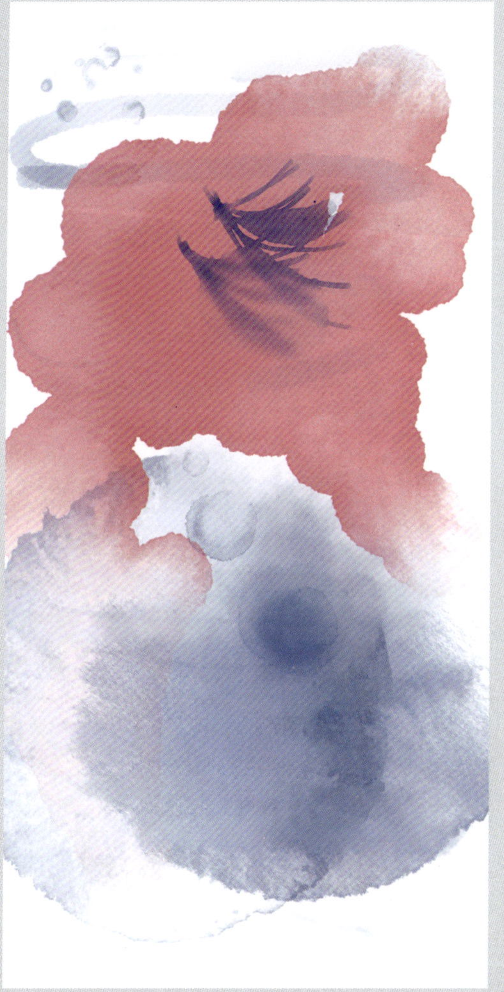

不用去追大大的事
每天去收获一份份小小的业
累积成什么就是什么

当我冥思
深深的脑底
黑暗的世界开启光明
不是眼睛看到了光
而是黑暗长出了眼睛

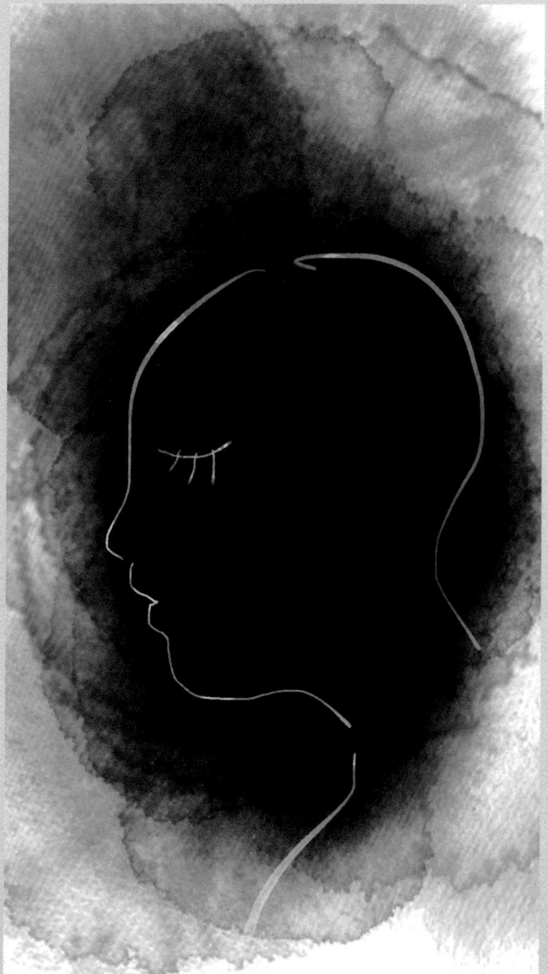

我选择
我存在
人的一生是和自我迷恋及他者意志决斗的一生
选择在更多的时候服务
我与身体
我们与心智
众生与灵性
就胜了

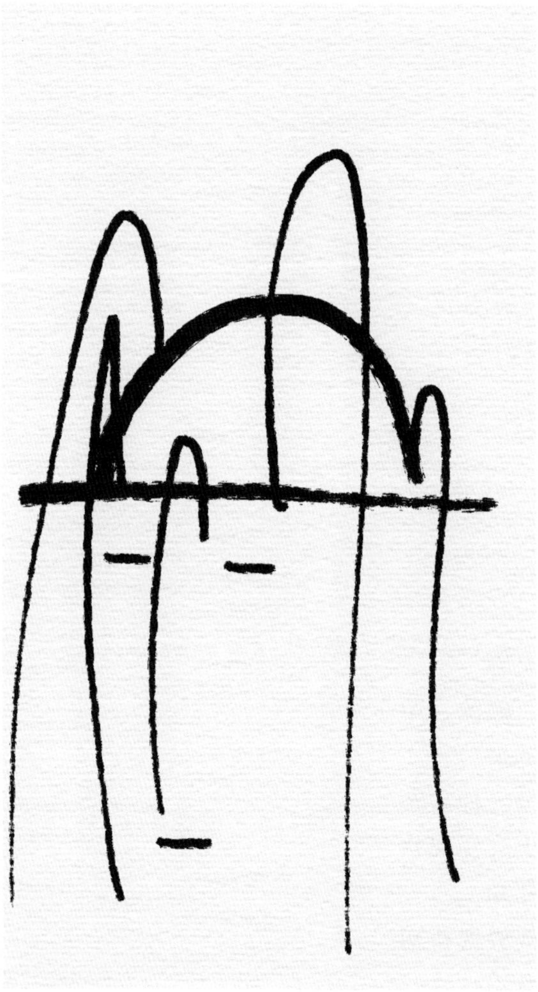

为了逃避无聊
我们创新、颠覆、革命
再也停不下来
创新成了另一种常态
问题不在于改变现状
而是更新觉知
每个片刻都展现新知
此时即是喜乐

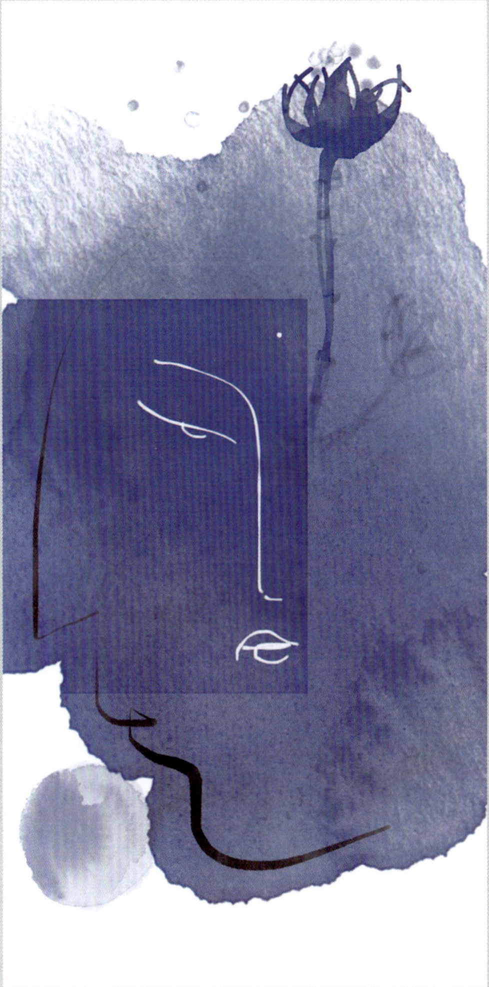

我已点亮满天繁星
整个夜晚为你守候
我已召唤桀骜暖阳
整个白日为你希望

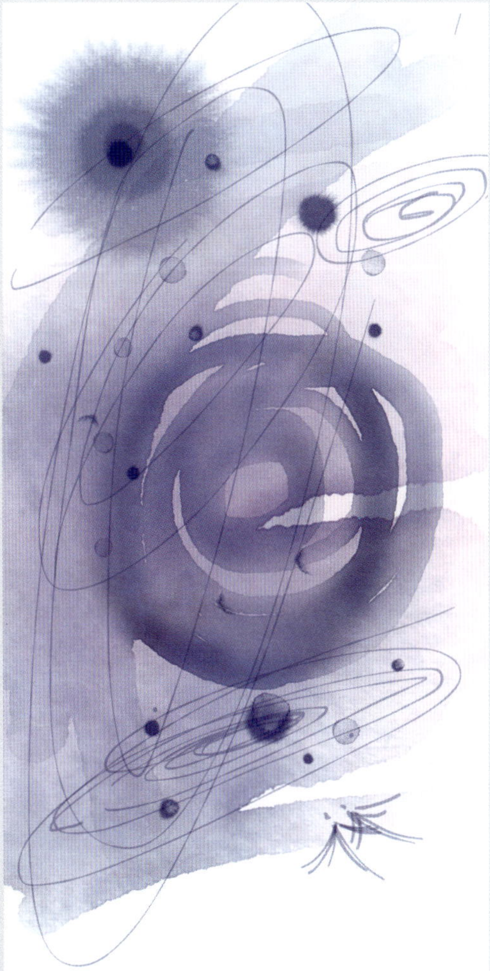

当你跌倒
不再期待有其他人搀扶
孤独地靠自己站起来
你就成熟了

等你来
相互是阴晴
交换着天气

听

心

追 随 内 心 找 到 你

完形·**自在**·归一

凌空面望
听心·逍遥

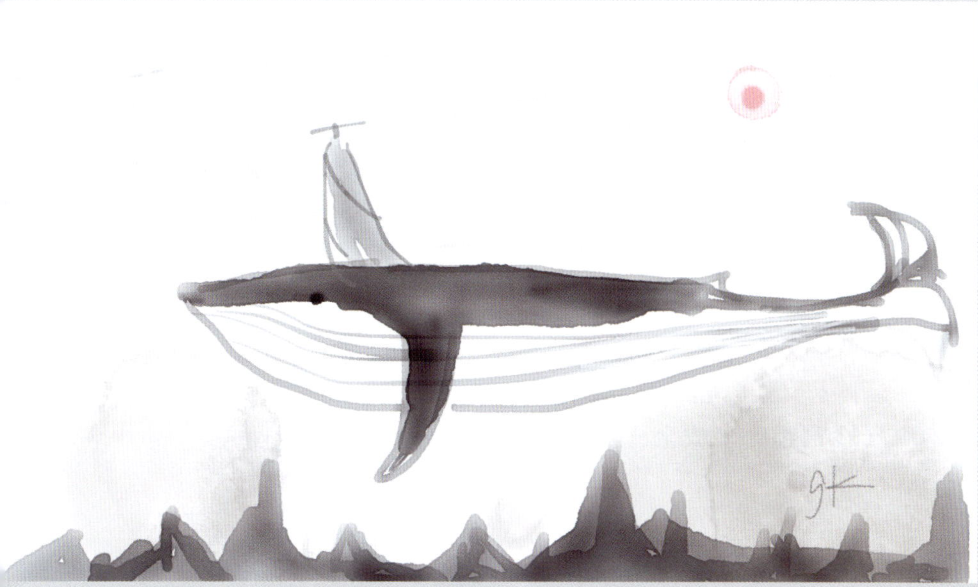

少碍事　多成全

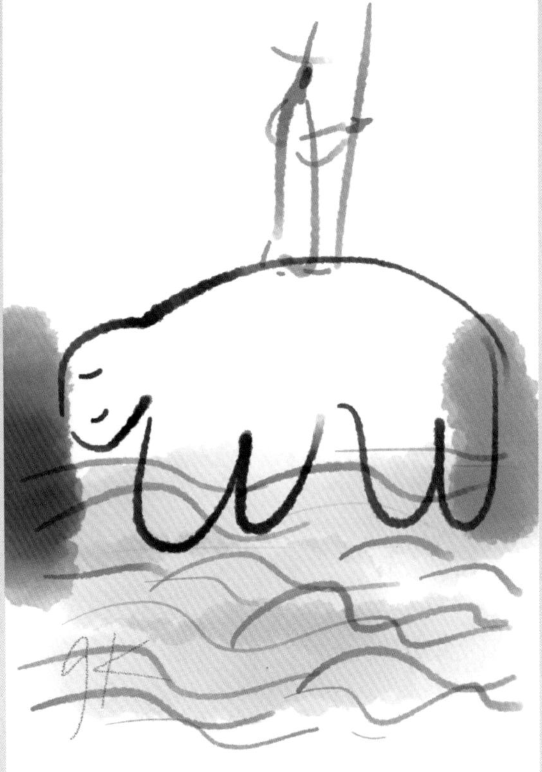

每一口呼吸
都携带着更新和允许
听到了自己的来源
却不试图改变它
那么你已经开始改变

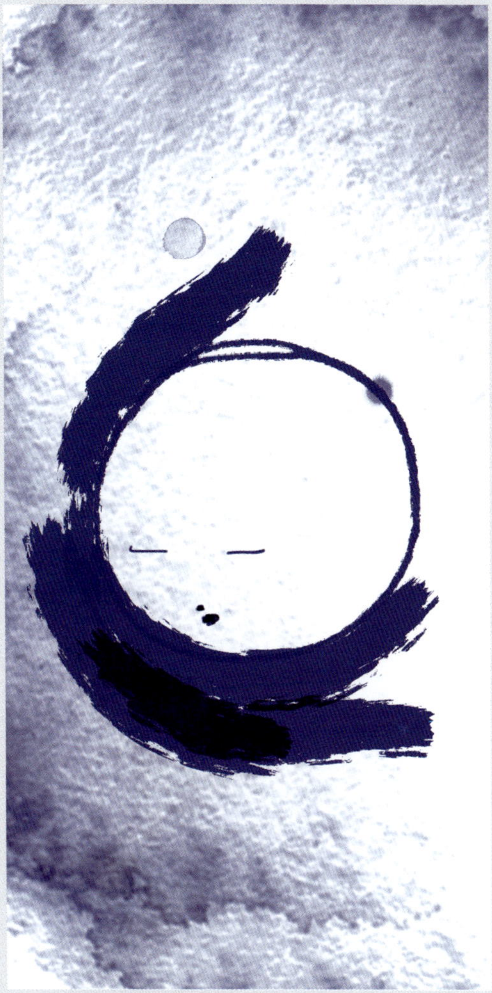

爱下雨
爱漫游
爱发呆
爱长途旅行
也爱宅家……
我不是什么颠覆者
颜值也很凑合
我是慢龟
我代表我自己
我和你不一样
我长寿

生命没有任何地方要去
它本身就是极乐
这是一场旅程
旅途就是目标
乐哉

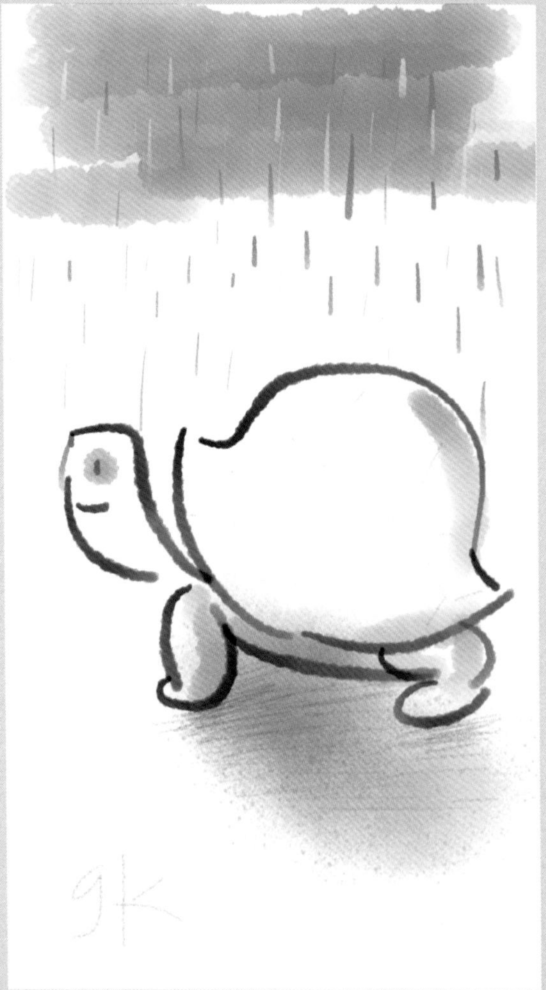

有用的学习让我活着
无用的学习让我活美

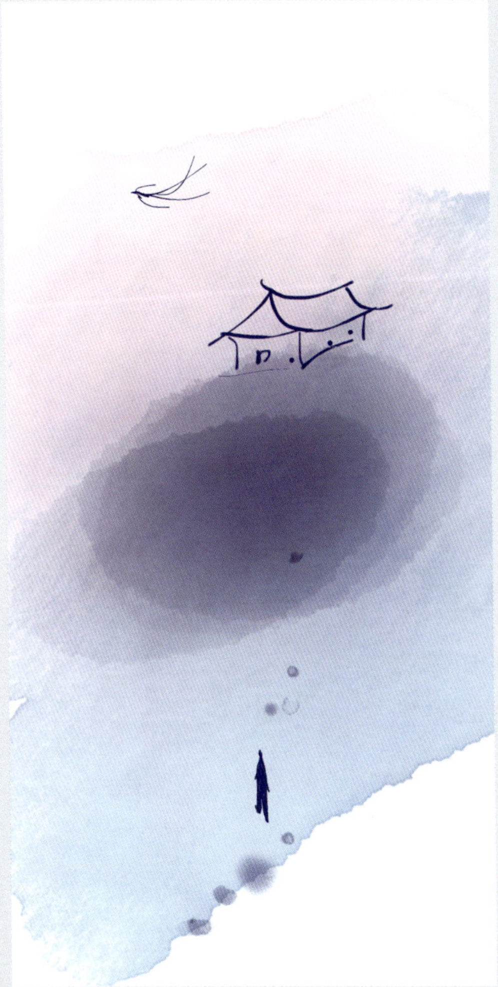

用火去燃烧虚空
灭掉的只会是火
虚空丝毫无损

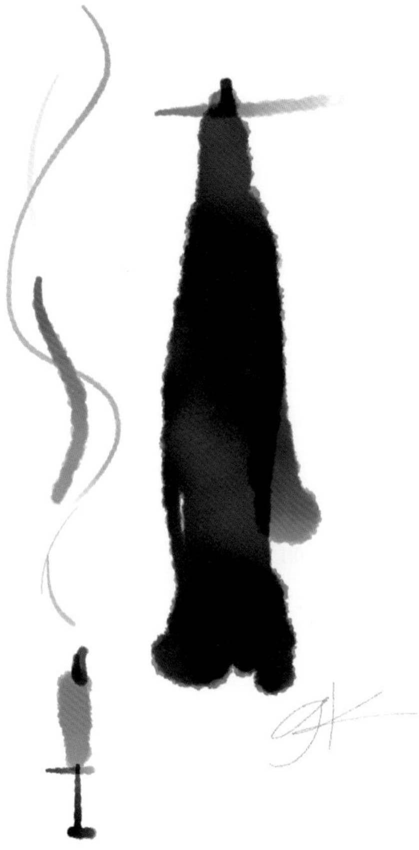

想要太多,需要很少
能力有限,愿望无边
是大多数问题的根源

你怀疑过"解决问题"这个习惯吗?
当这三个问题问完,还有多少问题是属于你的?
1. 哪些问题是别人给我的?
2. 哪些问题是因为比较而来?
3. 哪些问题必须要解决?

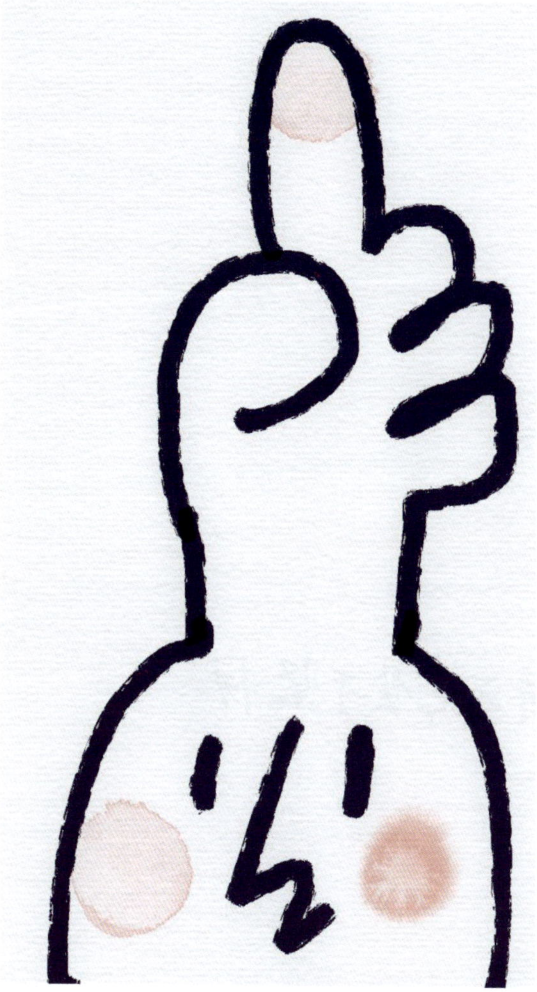

柔情之花生于坚韧

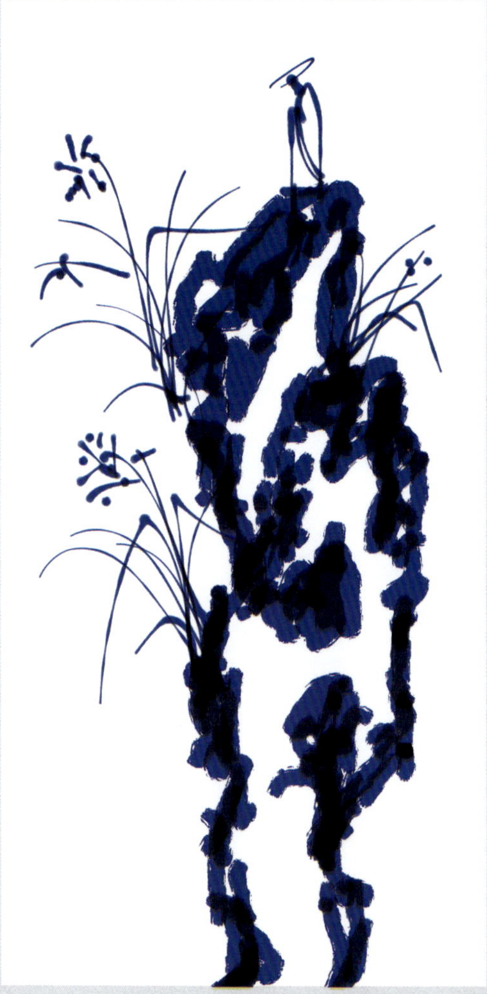

你会说
没有一个窝
我怎么慢得下来
其实
慢下来
哪里都是窝

有事放飞
无事放风

真想干了
不需要理由

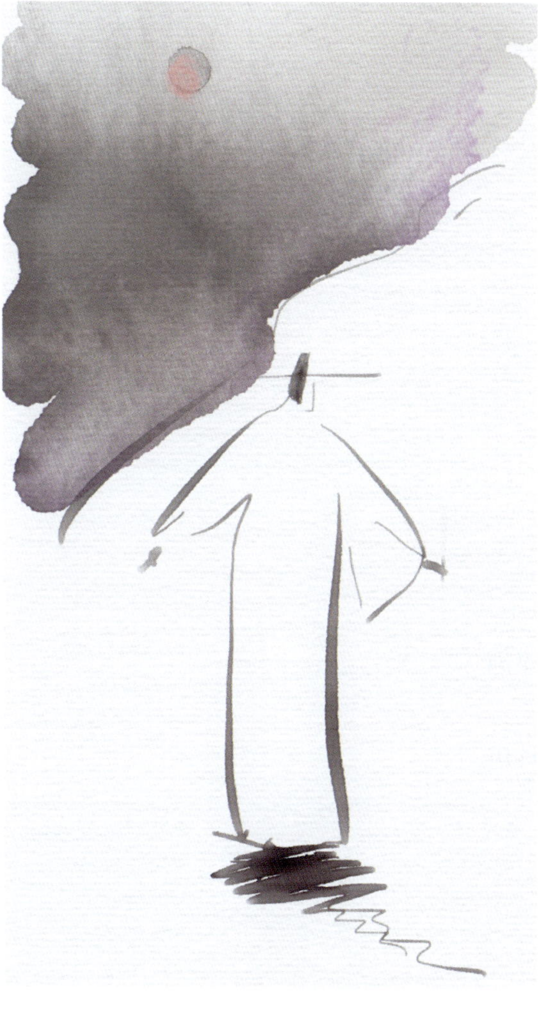

愿我是一深湖
躺下来
交给鱼儿自由

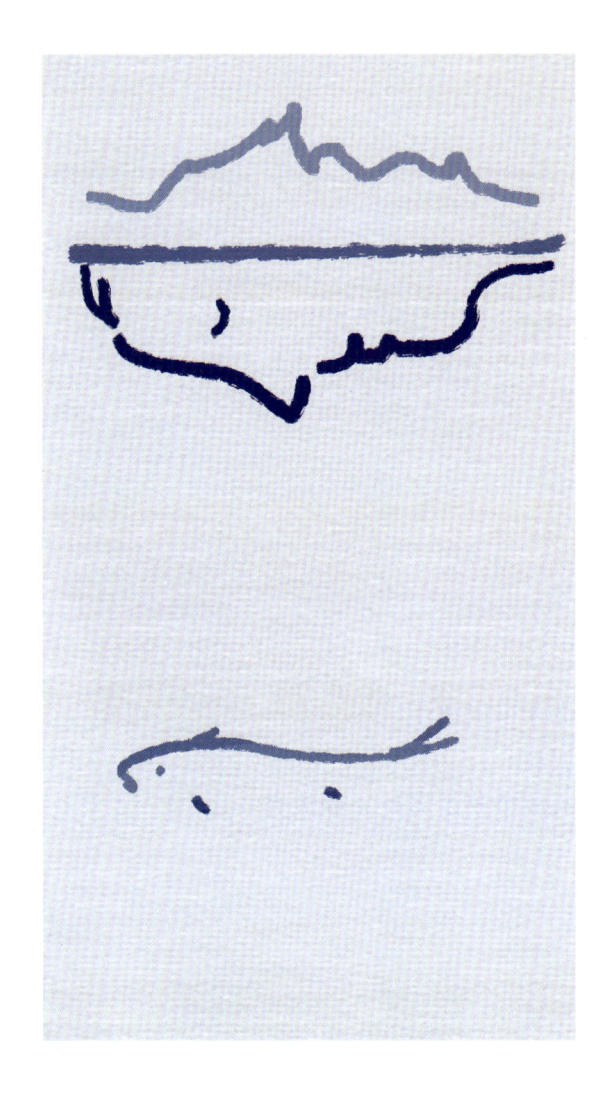

有了边界你才可以放手
否则就是放弃
没有边界的放手只是另外一种放弃

生活这游戏
如果依赖目标
就会分裂、紧张，终将失败

顺应真实的流动而活
就具备了一种美
一种品质
全然

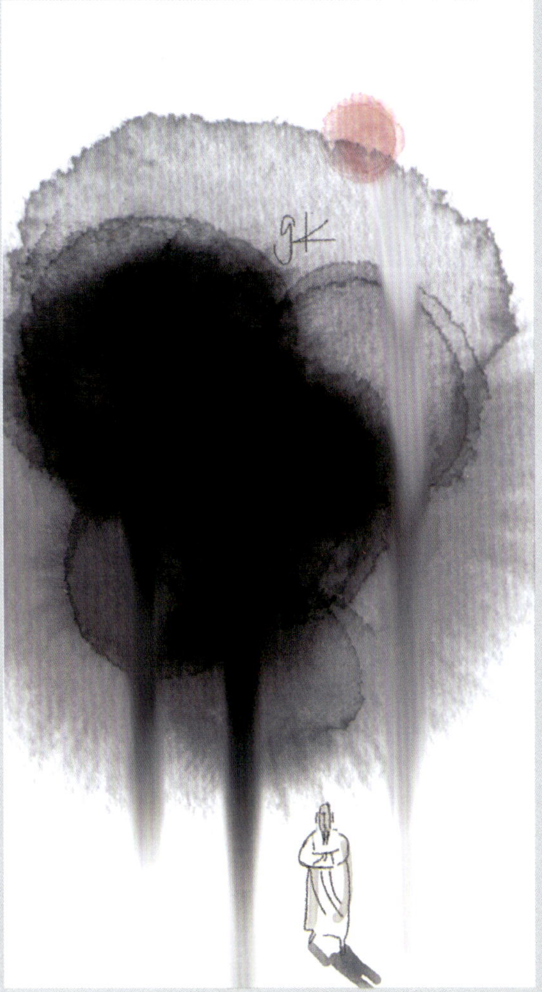

不怕千招狐狸
就怕一招刺猬

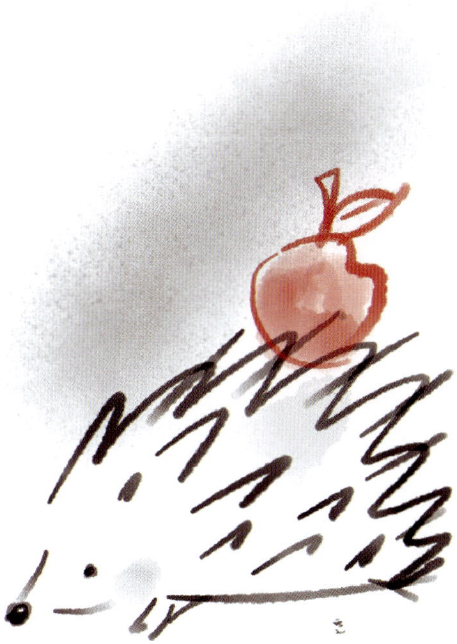

不是变得更轻
就会变得更坏
不设定一定要成为什么
只是放松、呈现、凝视
失败、成功都消失了
每时每刻都是崭新的

看人走
不如自己走

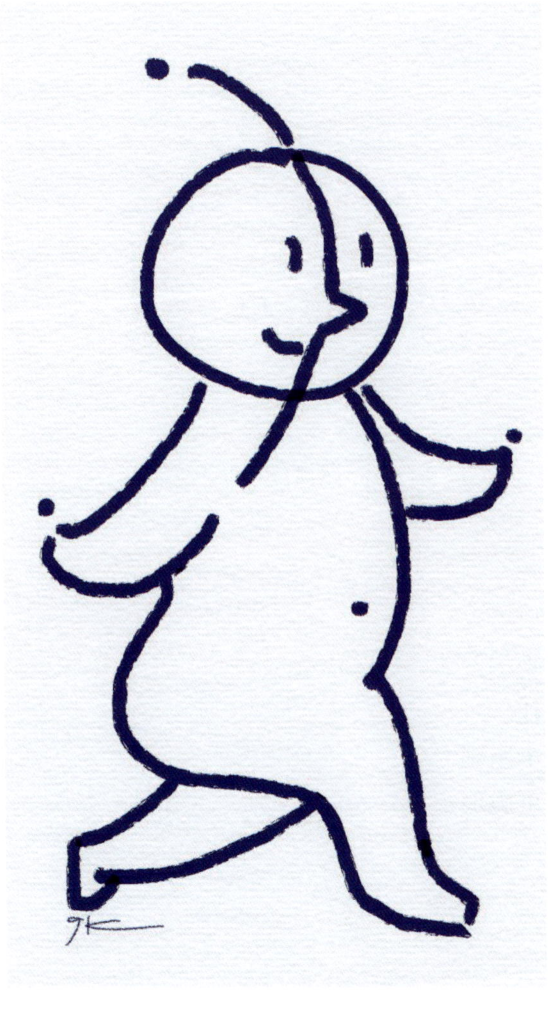

你是在享受
还是在挣扎
你以为是更坚强
而实质是更脆弱

内在的革命并不消灭黑暗
而是孕育繁花

自由不是自由地闲着
而是自由地忙着
花蜜都是自由地酿造

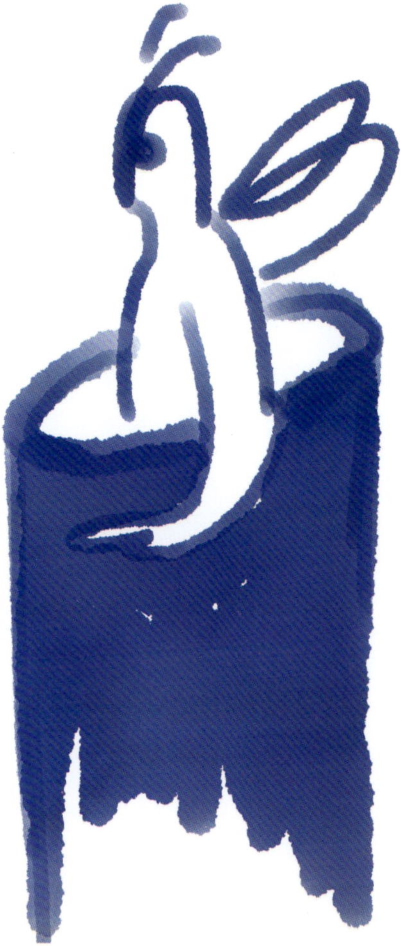

想好的
来好的
反之亦然

听心

追随内心 找到你

完形·自在·归一

成全自己
无所畏惧

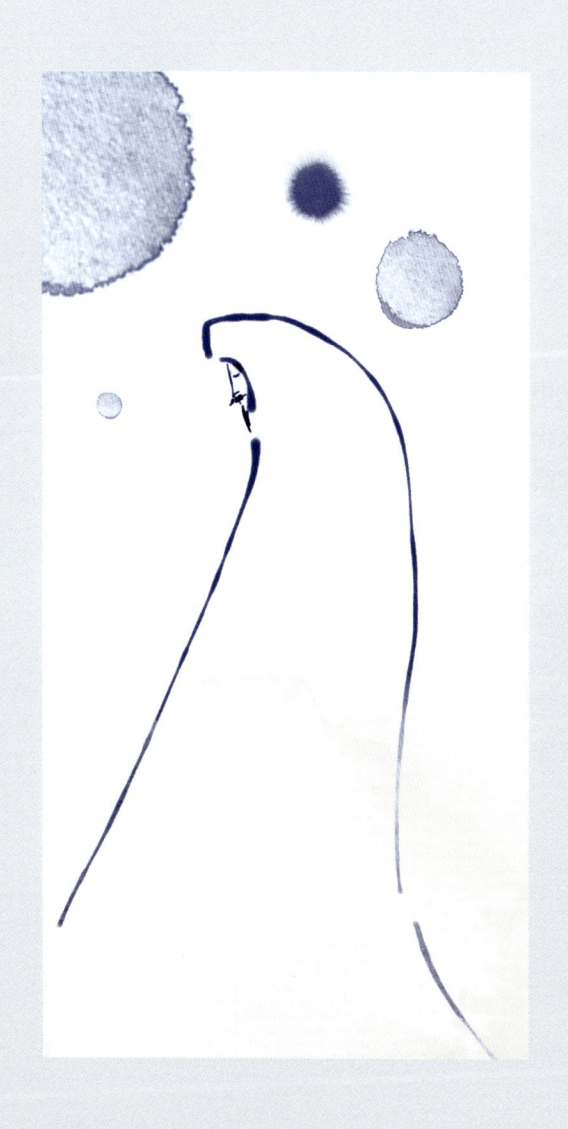

物质世界由低向高攀登
希望能获得高阶的安全
可位置越高
越无序、膨胀
解决一个问题
必然带来更大、更多、更难的问题
静穆者
直通无限宏大
弥散于寰宇
无高低
无分别
自具足

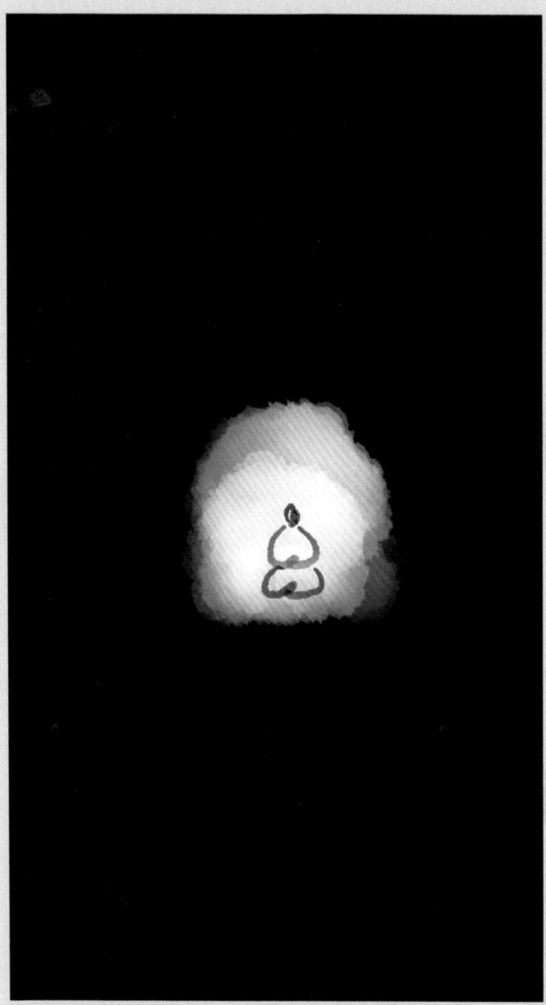

活在物质三维空间
必然处处局限
所谓成功无非是无限复杂的叠加
加入时间四维
临空而起的终局视野
世界清明、简单、自由
自由驾驭更旺盛的生命力
以时间的长度来布局
就不会奔命于外在世界的比拼
敏感而觉性地经历人生

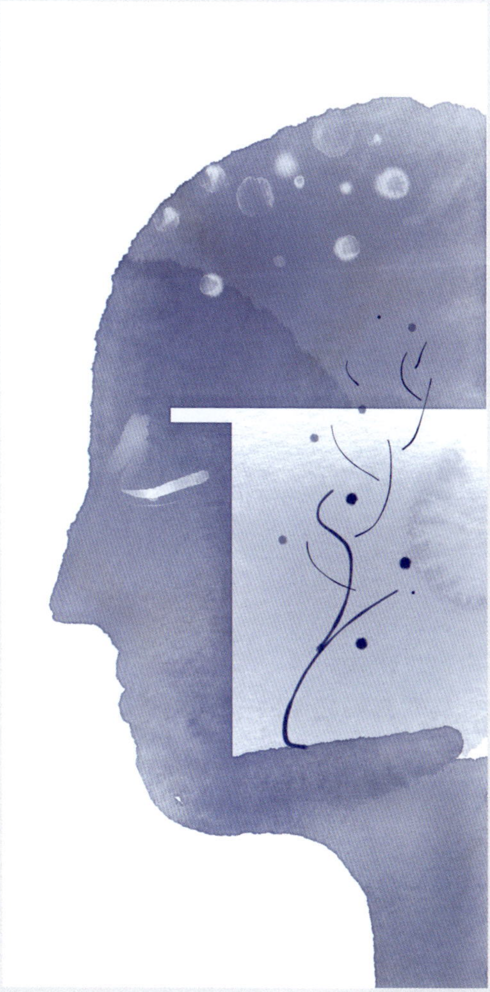

人生尺度不由高度决定
而是由穿越低谷与高峰之间的落差来决定

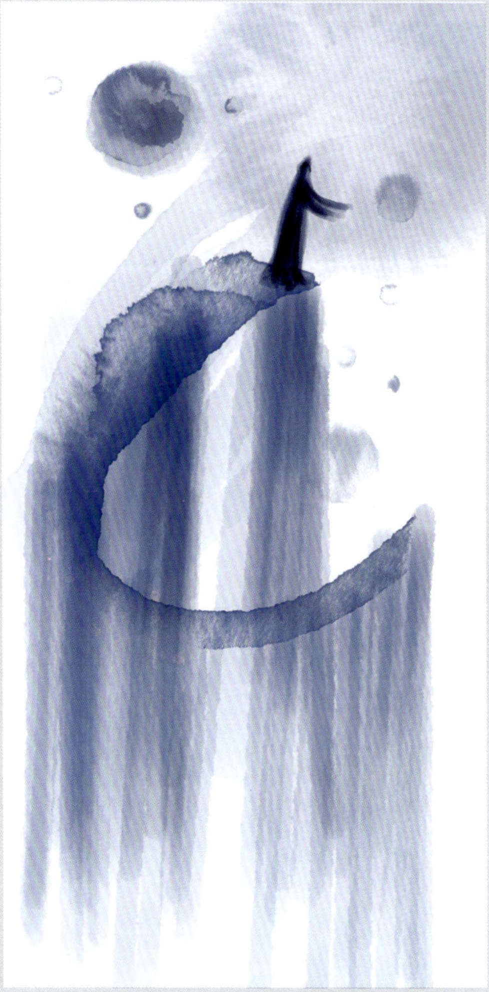

我不去竞争非凡的速度
只是平凡地存在

我体会到时间的细腻
以及沿途的富有
喜悦不是偶然
因为一直在细细地品尝
片刻是如此壮阔
平凡自然非凡

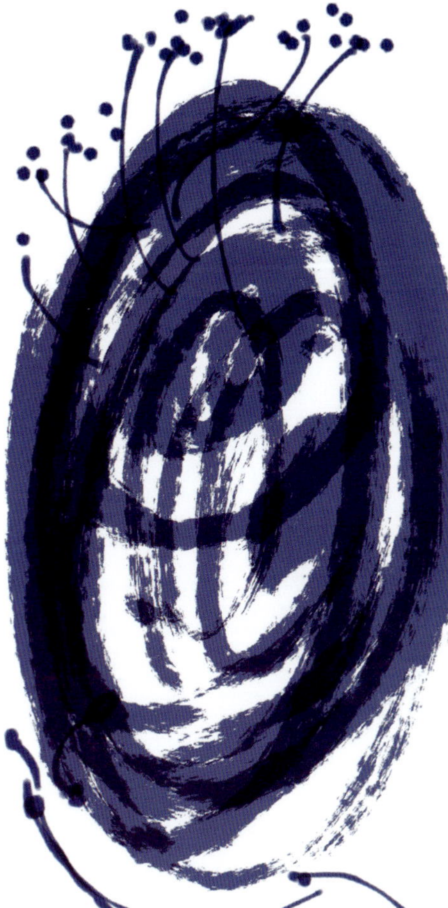

那些鲜活的思想
一旦采摘就已死亡

333

创造像一条涌动的河流
在幻想的世界
凡人放纵或抑制欲望
创造者摆渡欲望

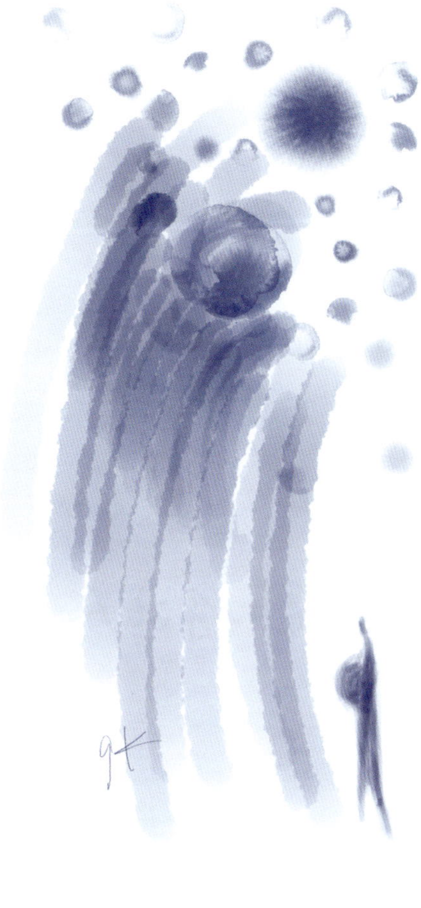

成为一个对自己好的人

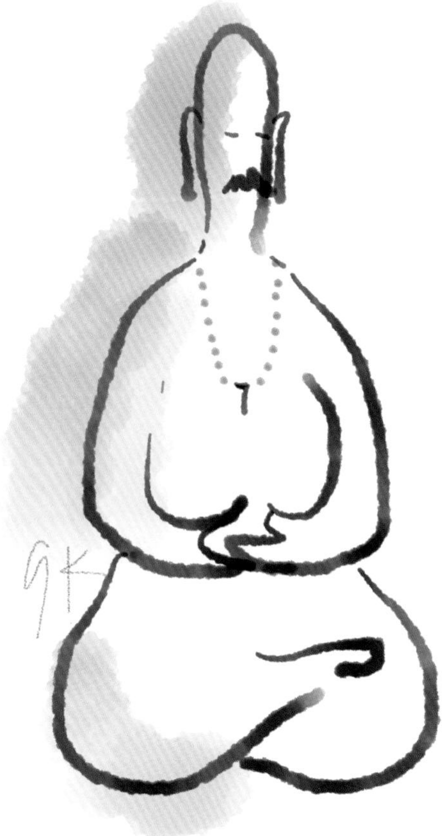

不期而遇的风
还没有来得及问候
就已播下种子
常来

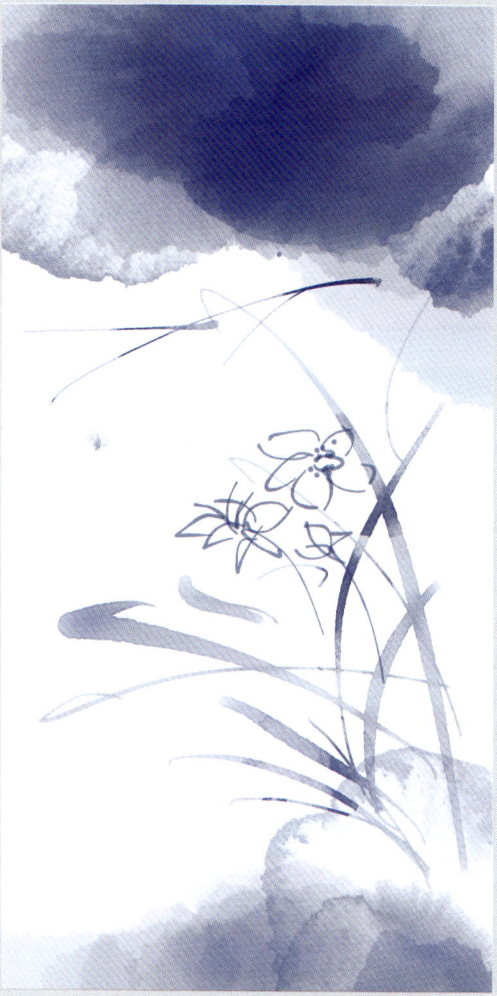

追逐那道光
森林也好
百雀也好
都没理他
光独自舞蹈
追随光跳跃过的地方
光又跳到了更远的前方
你以为什么都开始明朗
光躲进了云朵

终于
你追到了光的中心
伸开手
光溜走
低下头
光忧愁
你看到了光
暗淡无光
你闭上眼
什么都见
光
光光
光光光

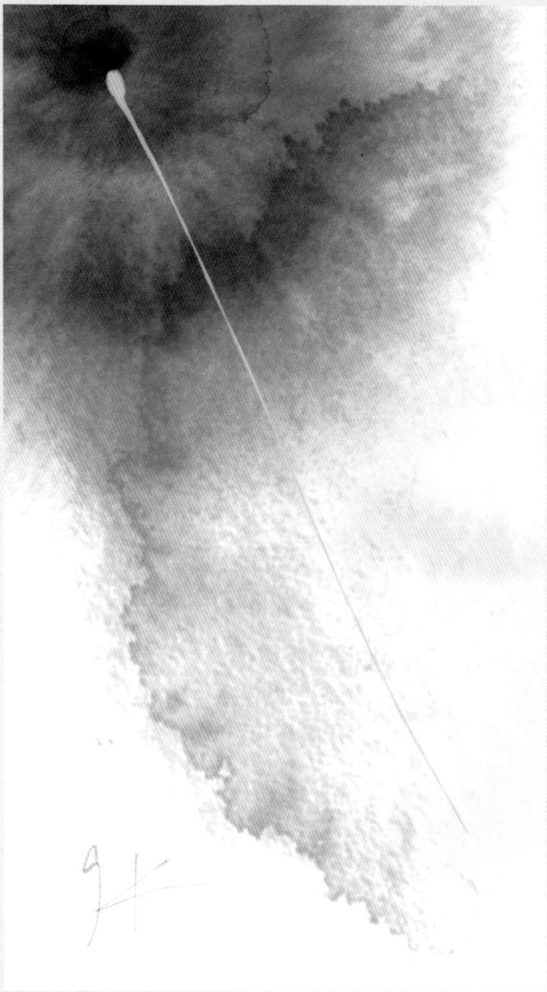

人之智慧相差无几
成就之区别在于聚焦
仅有的那一点微光
持续聚焦于一点
便能获得燃烧

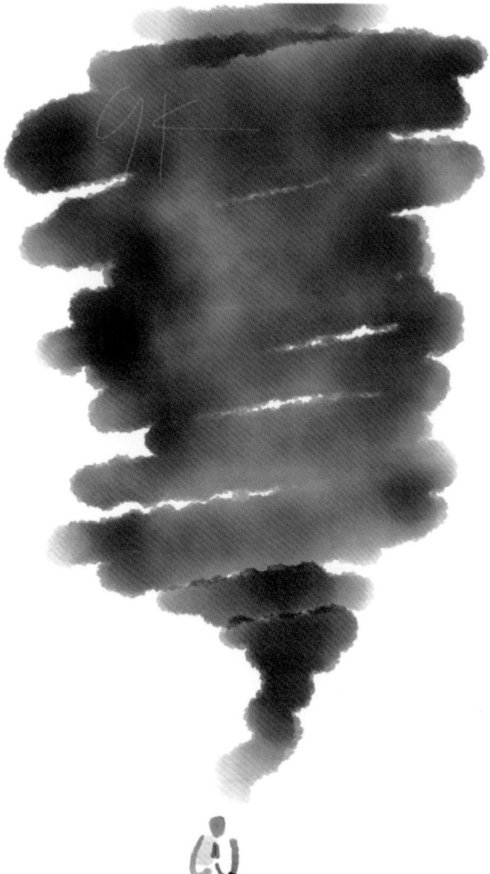

最极致的人生奢侈品
就是有时间和自己在一起

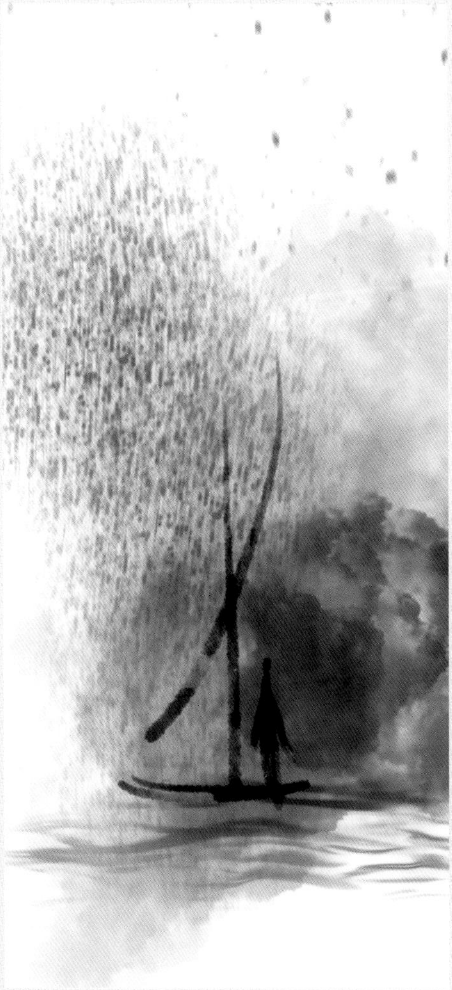

"爱"原来是目的地
这样生活的旅程就不再孤独
上路前先爱好自己
只有自己的果实充沛了
才能甜蜜路人

阳光弹拨着金色琴弦
将清晨的帘幕卷起
开启亿万年的仪式
光不问为什么
只是普照大地
地平线开始融化
生机经由光而开端

平静的湖面
蒸腾
深潜的大地
展露
光流经森林
吐纳空气
自由的天空
薄云如曼妙女子的裙纱
群山被撩拨
高山的冷峻让薄云有了归属
她围绕着心仪的巅峰起舞
化作片片雪花
坠入强悍的绝境
每一位女子
都渴望臣服于一座高峰

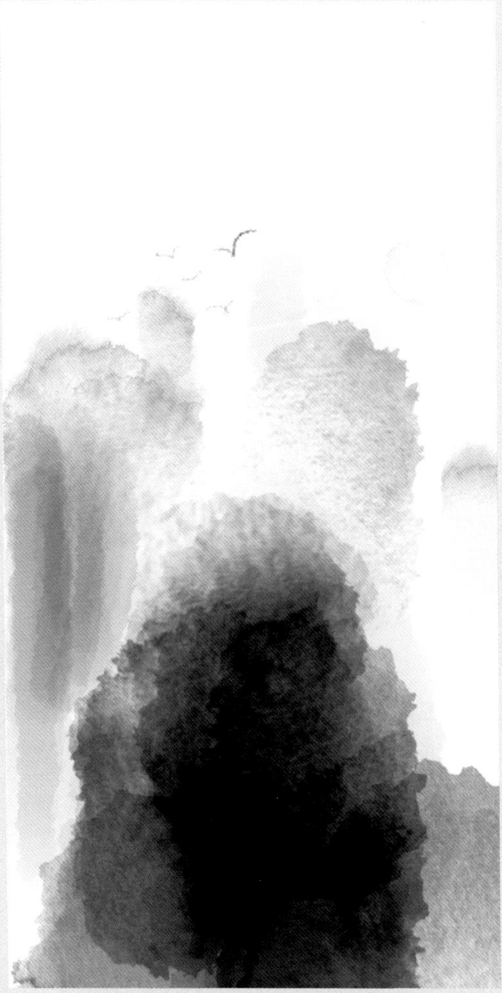

充满活力的人们
突然地站在森林包裹的大地
感恩太阳给予的馈赠
仰望曾经攀爬的高峰
感受循环在身体的热流
所有的努力都是值得的
在森林中，我获得了完整

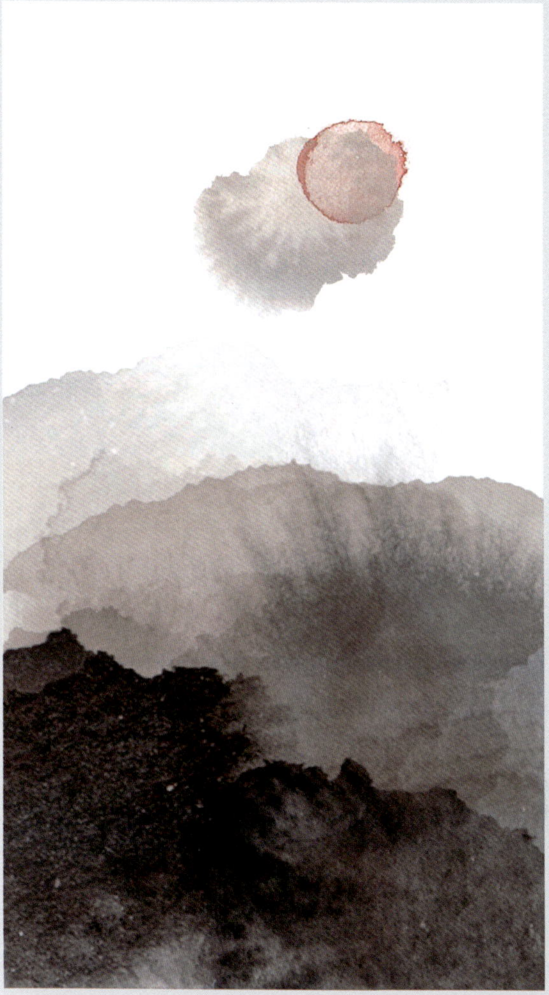

就待在一个地方
听风、迎雨、晒太阳……
开花

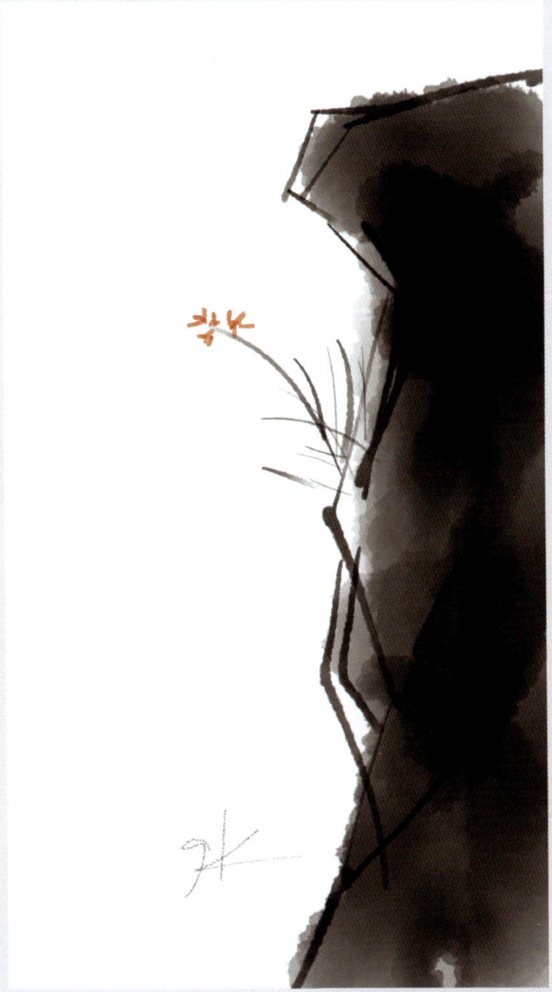

相遇本不容易
而选择就更是艰难

这个世界是流动的
你对谁敞开
谁就向你流动

放　松

　　　交　给　　风

唤醒一次，注满一生

后记

相信你拥有让自己变得更好的力量

这几年，我顺着潜意识的涌现，每天用手机创造一帧画、一段文。一千多天时间倒流，画与语的交织日日都在召唤我。在这个激进澎湃的数字时代，这些追随我心，探索内在图景的片刻，成了我这段时光最自然的礼物。我知道，这份礼物母亲在我 17 岁那年就送给了我。

小时候我的好奇心夹带着遗忘的禀赋，让我沉迷探寻，荒废课本，恐惧考试。当众背诵课文是我的噩梦，这也导致我写起文章来错字连篇、狼狈不堪，要不是有了电脑码字，你恐怕永远都看不到这篇文章。面对考试成绩的不堪，我多少次疑问过，为什么母亲让我生而好奇这个世界，却又不让我记住这个世界？

直到高三，那年我 17 岁，班主任老师突然当着我的面坦言："你这样的成绩，是考不上大学的，考不上大学你的前途就渺茫，将来就没多大出息！"我知道这是一位老师对小少年的激励，可那一刻，懵懂的少年对未来陡然没有了希望。那晚，少年满脸沮丧地回到了家，忍不住跟母亲吐肠子。母亲是从湖南益阳土地里走出来的，后来在长沙学了农业科技，和杂交水稻之父袁隆平是同一系统，也是制种和推广杂交水稻的技术员。也许是接地气的缘故吧，母亲天生就有育材的禀赋，她能听到万物生长的声音，欣赏生命在旷野中的自由和蓬勃。那晚，母亲听了我的诉说，没有太多语言，只是稳稳地说了一句："儿子，明天我们一起和老师说说去。"

第二天，母亲拉着我的手，早早地来到学校，找到了班主任办公室，母亲带着平静的微笑，迎着班主任，从喉咙深处涌出每一个字："我相信我的儿子。我儿子有自己的特长和爱好，他是个聪明的孩子，我相信他一定能学好，而且很有前途！"从那一刻起，和母亲紧紧相握的手，如同送我到人间的那根脐带，充满我的血液，搏动我的心跳，注入全宇宙的光和热，一直灼烧到今天。每每回忆起那个瞬间，我都热泪盈眶，不能自已。人们说心是委屈撑大的，可当初的委屈和误解，没有把我的心撑大，是妈妈的信任，给了我血肉之身，那是我生命动力的源泉，用之不绝。母亲在那一刻唤醒了我，不是因为我有多优秀，而是她相信我拥有让自己变得更好的力量。允许我可以遵循自我的喜悦而活，只要这样活，我就是有出息的。母亲的爱多简单呀。那一声唤醒，剪断了我的心理"脐带"，带着母亲恩泽于我的荣光，我成了

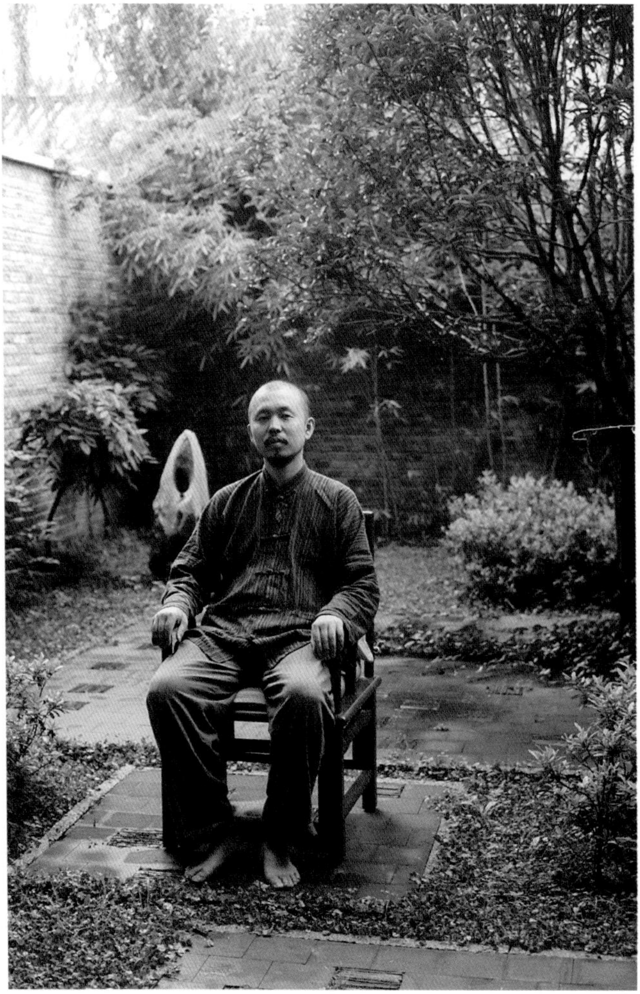

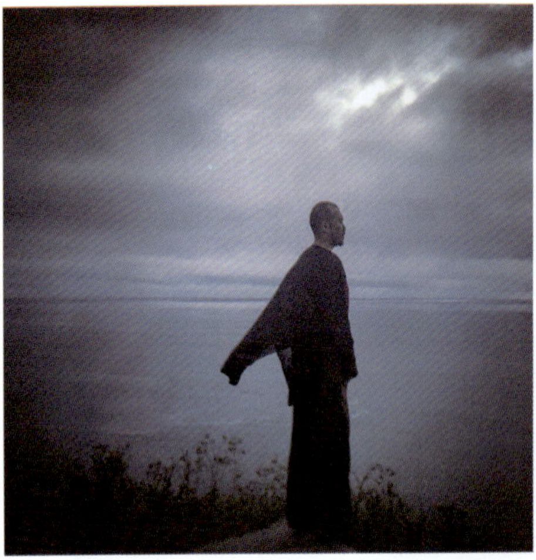

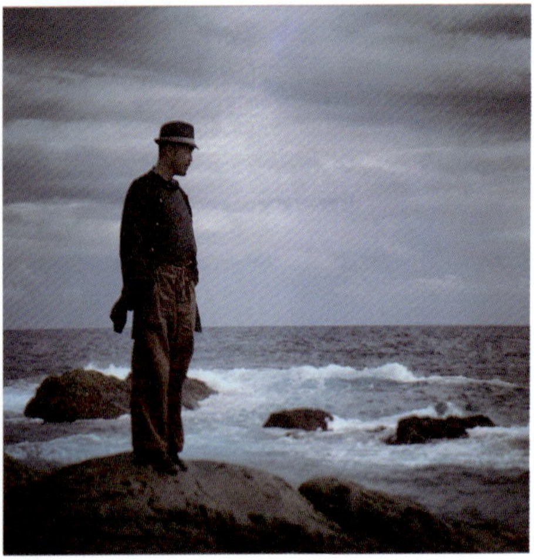

我自己，用此生来印证母亲的相信。

最终还是母亲对了，对得离谱，直至今天。也许因为没有参加高考的运气，野生野长的我成了终身的学生，没有什么标准能塑造我，这让我始终保持着从娘胎里就带来的旺盛好奇心，不为数字，不为生计，不为金钱，终身好奇于"怎样才是原本的我"。

成年后，意外的收获是"遗忘"带来的。因为善于忘记，也就多了混沌，多了混搭，多了情理交融，多了创造，多了不纠结，多了自由切换的多元身份。我记住的是母亲的允许，允许我听从我心，忠实于自我的喜悦和为热爱而活。那些"好记性"所带来的烦恼与纠缠，在我遗忘的天赋面前都灰飞烟灭，烦恼会因为睡一觉就被遗忘，新的一天创造新的可能，这份欢喜，多亏了遗忘的天赋。

爱因斯坦说："所谓教育，是将学校学到的知识忘掉后所剩下的本领。"昨天的遗忘让我没能考大学，借着我剩下来的本领，我成了一位战略品牌咨询师。工作中我经常会问品牌创始人一个问题："你为什么要创立这家企业？"因为我知道企业经营之艰辛，没有一份笃定是无法坚持的。经营上大多问题都可以靠逻辑推演，有经验可依循，唯有创始人初心无法被推导和证明，它就如同创世之初，世界还来不及有名姓。经历无数品牌沉浮，我明白了一个道理——品牌即人。到了最后都是追寻灵魂、找到自我的过程。参天大树也来自一颗种子，只有遵循了那颗种子的基因本能，才可能茁壮。这样看来，我的职业有点像一位现代"听心者"，我协助梦想者探寻他的生命原力，帮助他们倾听自我的召唤，并清晰表达出来，感召更多事业参与者，这份召唤是如此独特而强烈，如此渴望为他人做出奉献，以获得自我存在的意义。听从我心，响应这份召唤，义无反顾地投身进去，不再为短暂的功名而战，从此拥有了恒定的人生罗盘，在漫漫的事业征途中，燃烧斗魂，跨越一个个低谷和迷茫时刻……也超越一个个丰碑与荣耀，这是不得不去经历的使命。在品牌即人的世界里，你可以为召唤而活。比起我们能成为什么，我更好奇于"我们本来就是什么"。

所有荣光皆为不满。少年时遇到的学习困顿，成了我好奇于教育的缘由。强大不是因为你富足，恰恰是匮乏把你引上了英雄之路。在自我成长的过程中，我发现分享是最好的教育。当我分享我的经历时，我确认，生生不息的动力都是来自母亲，从新生伊始到 17 岁那年握紧我手的传递："相信你拥有让自己变得更好的力量。"

教育不是塑造，而是唤醒。唤醒自己，热爱自己的热爱，追随直觉喜悦而活。这样，就出息。

龚凯

2018 年 11 月 3 日于灵谷寺

我们总在倾听中获得新生

听孩子的声音
我再次生长

和我十一岁女儿探讨如何画好一幅画
她说
要让眼睛看到广阔世界
想象力是五彩的

孩子这张画要用

心听

听心

走远了

坚持的都是小而不及

看见的都已消失殆尽

远处的迷雾

已近在眼前

我可以确定

是那些遗忘的苏醒

混合着美丽的小事情

叫醒了我们